高等学校大数据技术与应用规划教材

全国高等院校计算机基础教育研究会2019–2020年学术成果优秀教材

数据可视化 ·微课版·
与分析基础

SHUJU KESHIHUA YU FENXI JICHU

张丹珏◎主　编

郑　俊◎副主编

顾顺德◎主　审

U0172280

中国铁道出版社有限公司
CHINA RAILWAY PUBLISHING HOUSE CO., LTD.

内 容 简 介

本书以循序渐进的方式，由浅入深地讲解了数据分析的整个过程。全书共分8章，主要内容包括：数据分析概述、数据可视化初步、数据图表制作、数据公式与函数、数据可视化案例、数据挖掘基础、数据分析报告和数据分析案例。每章内附有实用性范例供读者练习，巩固所学知识。

本书在讲解数据可视化基础性原理的同时，融入真实案例分析，具有较强的实用性，帮助读者举一反三，真正掌握大数据可视化和数据挖掘的工具软件，并能运用大数据思维解决学习和工作中的实际问题。

本书适合作为高等学校非计算机相关专业大数据可视化、数字媒体设计等课程的教材，也可作为对数据分析感兴趣读者的参考用书。

图书在版编目（CIP）数据

数据可视化与分析基础 / 张丹珏主编 . —2 版 . —北京：
中国铁道出版社有限公司，2020.8（2021.11重印）
高等学校大数据技术与应用规划教材
ISBN 978-7-113-27182-4

Ⅰ . ①数… Ⅱ . ①张… Ⅲ . ①可视化软件 - 高等学校 -
教材 Ⅳ . ① TP31

中国版本图书馆 CIP 数据核字 (2020) 第 153102 号

书　　名：数据可视化与分析基础
作　　者：张丹珏

策　　划：曹莉群　　　　　　　　　　　　　编辑部电话：(010) 63549508
责任编辑：陆慧萍　曹莉群
封面设计：刘　颖
责任校对：张玉华
责任印制：樊启鹏

出版发行：中国铁道出版社有限公司（100054，北京市西城区右安门西街 8 号）
网　　址：http://www.tdpress.com/51eds/
印　　刷：三河市航远印刷有限公司
版　　次：2019 年 8 月第 1 版　　2020 年 8 月第 2 版　　2021 年 11 月第 3 次印刷
开　　本：787 mm×1 092 mm　1/16　印张：16.75　字数：379 千
书　　号：ISBN 978-7-113-27182-4
定　　价：52.00 元

前　言

大数据技术经历了多年的发展，已经在金融、电信、教育、医药等领域得到了较多也较为成功的应用，这使人们看到了该技术所带来的社会变革，而 IT 技术的高速发展使得该技术趋于大众化，使得越来越多的人能够参与其中，分享该技术带来的乐趣。

本书系统地介绍了数据分析、数据可视化与数据挖掘的概念和方法，在内容编排上侧重于应用，用案例将知识点进行串联，本次修订将数据可视化进阶细化为可视化进阶数据图表制作、数据公式与函数、数据可视化案例，对其操作方案与步骤进行详解，以期达到提高读者的学习兴趣、增强实践动手能力的目的。

本书对于初次接触数据分析的读者会有很大帮助，书中对数据分析的每一步操作都有详尽的说明，且选用的软件都是相关工具软件，无须编程基础即可完成整个分析过程，使读者能够脱离枯燥的代码环境，专注于数据本身，为数据分析带来全新的思路和视角。书中涉及的数据均来自于网络，仅供学习研究使用。

本书由张丹珏任主编，郑俊任副主编，施庆、赵任颖、程五生、盛家骏、翁少逸和蒋雨蔚参与编写。全书由顾顺德主审。具体分工如下：第 1 章由施庆编写；第 2 章的 2.1~2.4 由程五生编写；第 2 章的 2.5 由赵任颖编写；第 2 章的 2.6 和第 3 章由郑俊编写；第 4 章由施庆编写；第 5~8 章和附录 A 由张丹珏编写；附录 B 由盛家骏、翁少逸和蒋雨蔚编写，张丹珏整理；附录 C 由赵任颖编写。

在本书的编写过程中，得到了许多老师的大力支持和热情帮助，中国铁道出版社有限公司对本书的出版给予了大力支持，在此表示衷心的感谢！

由于时间仓促，编者水平有限，书中难免存在疏漏或不足之处，恳请读者批评指正，以便及时修改和完善。

编　者

2020 年 6 月

目 录

第1章
数据分析概述

在当今飞速发展的数字化社会，数据量呈现井喷式增长，如何从这些数据中提取有效信息显得尤为重要和迫切。一个专业的数据分析师，除了需要掌握各项操作技能、了解各种数据分析工具，更重要的是具备数据分析的思维逻辑。

本章将着重介绍数据分析领域的相关概念、工具及方法，帮助读者了解大数据、数据可视化、数据挖掘、数据分析的步骤、方法和分析法则，为后续的学习打下扎实的理论基础。

▌ 1.1 大数据简介

大数据（Big Data）又称巨量资料，是指需要新处理模式才能具有更强的决策力、洞察发现力和流程优化能力，来适应海量、高增长率和多样化的信息资源。

微　课
大数据简介

大数据具有以下 5V 特征：

（1）Volume（大量）：指的是巨大的数据量，包括采集、存储及计算过程中的数据。大数据的起始计算单位一般是 PB、EB 或 ZB。

其中，数据量的单位换算如下：

1 GB（GigaByte、吉字节）= 1 024 MB；

1 TB（TrillionByte、太字节）= 1 024 GB；

1 PB（PetaByte、拍字节）= 1 024 TB；

1 EB（ExaByte、艾字节）= 1 024 PB；

1 ZB（ZettaByte、泽字节）= 1 024 EB。

（2）Velocity（高速）：指的是数据增长速度快，处理速度也快，时效性要求高。

（3）Variety（多样）：指的是种类和数据来源多样化，包括结构化、半结构化和非结构化数据，具体表现为网络日志、音频、视频、图片、地理位置信息等，多类型的数据对数据的处理能力提出了更高的要求。

（4）Value（价值）：指的是数据价值密度相对较低。随着互联网以及物联网的广泛应用，信息感知无处不在，而价值密度的高低与数据总量的大小成反比，因此，如何通过强大的机器算法迅速地完成数据的价值"提纯"是目前大数据背景下亟待解决的难题。

（5）Veracity（真实性）：指的是数据的准确性和可信赖度，即数据的质量。

1.2　数据可视化

1.2.1　数据可视化概述

数据可视化旨在借助图形化手段，清晰有效地传达数据中蕴含的信息，其本质是将复杂的数据用视觉展示的方式增强用户对数据的理解，以准确、形象、快速的传达方式凸显数据的含义。数据可视化综合应用计算机科学、图形学、可视化设计、心理学等多个领域的知识，运用符合人类视觉系统的方式为用户提供简洁、直观、形象、有趣、易于理解的数据展示，从而帮助用户了解数据，应用数据。

值得一提的是：数据可视化是一个处于不断演变中的概念，其边界在不断地扩大中，涵盖的范围也变得越来越广。

1.2.2　在线可视化工具

常见的在线可视化工具有以下几种：

1. ECharts

ECharts（网址：https://echarts.apache.org/zh/index.html）是一个免费的、功能强大的、可视化的库。它可以流畅地运行在 PC 和移动设备上，兼容当前绝大部分浏览器（如 IE 8/9/10/11，Chrome，Firefox，Safari 等），底层依赖轻量级的 Canvas 类库 ZRender，提供直观、生动、可交互、可高度个性化定制的数据可视化图表。简单地说，ECharts 就是一个帮助数据可视化的库。官方实例如图 1-1 所示。

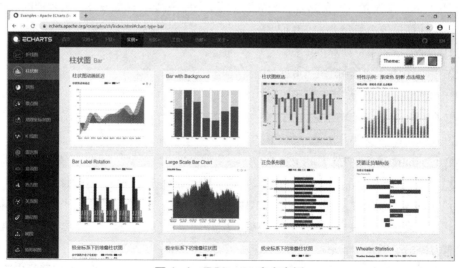

图 1-1　ECharts 官方实例

2. GAPMINDER

GAPMINDER（网址：https://www.gapminder.org/）是位于瑞典斯德哥尔摩的一个非营利机构的网站，目的是"replace devastating myths with a fact-based world view"。他们收集了大量的国际统计数据，用非常简单形象而极富动感的方式进行展示，既可在线播放，又可下载（每次联网时会自动下载更新数据），免费使用。官方实例如图 1-2 所示。

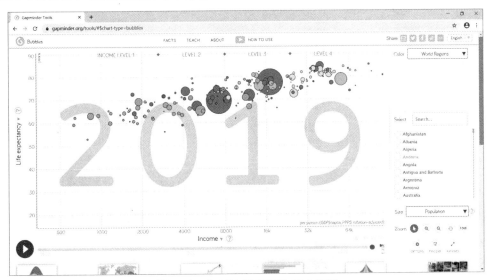

图 1-2　GAPMINDER 官方实例

3. D3

D3（网址：http://d3js.org/），全称是 Data-Driven Documents，顾名思义是一个被数据驱动的文档，它是一个 JavaScript 的函数库，主要用于数据可视化的展现。官方实例如图 1-3 所示。

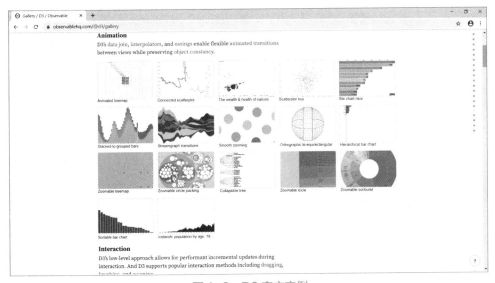

图 1-3　D3 官方实例

4. RAWGraphs

RAWGraphs（网址：https://rawgraphs.io/），号称是"电子表格和矢量图形之间的缺失链接"，它建立在 D3.js 之上，界面设计直观，开源免费，不需要任何注册。它有一个 21 种图表类型的库可供选择，所有的处理均在浏览器中完成。此外，RAW 是高度可定制和可扩展的，甚至可以接受新的自定义布局。官方实例如图 1-4 所示。

图 1-4　RAWGraphs 官方实例

5. Datawrapper

Datawrapper（网址：https://www.datawrapper.de/）是一个用于制作交互式图表的在线数据可视化工具。通过从 CSV 文件上传数据或直接将其粘贴到字段中，Datawrapper 将生成相关的可视化文件，非常容易使用和生产有效的图形。官方实例如图 1-5 所示。

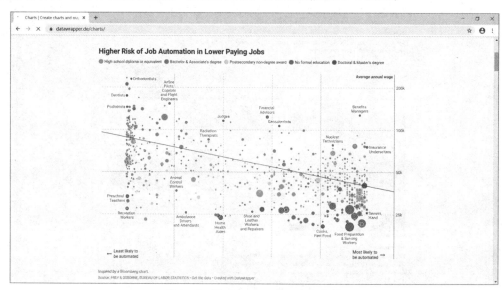

图 1-5　Datawrapper 官方实例

6. Tableau Online

Tableau Online（网址：https://www.tableau.com/zh-cn/products/online）是目前较为流行的可视化工具，它支持各种图表，图形，地图和其他图形，这是一个完全免费的工具，用它制作的图表可以很容易地嵌入到任何网页中，无须离开浏览器，即可连接到数据源，也可以使用Web制作功能新建工作簿和可视化。此外，Tableau还有可供下载的付费版本。官方实例如图1-6所示。

图 1-6　Tableau 官方实例

7. Plotly

Plotly（网址：https://plot.ly/）是一个开源的 Python 的库，可以完成基于 Web 的数据分析和绘图生成。使用 Plotly 输出的结果是一个使用 Plotly.js 绘制而成的交互网页，同样支持生成静态图表，如 pdf、png 之类的。官方实例如图 1-7 所示。

图 1-7　Plotly 官方实例

8. Visualize Free

Visualize Free（网址：https://www.visualizefree.com/）是一个免费的可视化工具，其本质上是一个托管平台，允许用户使用公开的或者自行上传的数据集，然后依据设置，构建完成交互式可视化的演示数据。官方实例如图1-8所示。

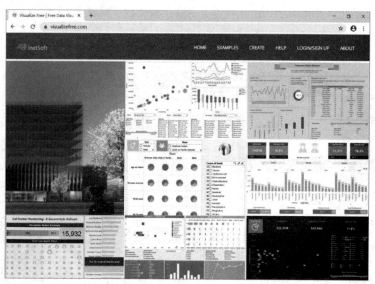

图1-8　Visualize Free 官方实例

1.2.3　桌面版可视化软件

相对于在线可视化工具的种种功能性局限，以下3种桌面版可视化软件则更为方便易用。

1. Oracle Analytics Desktop

Oracle Analytics Desktop 是 Oracle 推出的一个数据可视化独立产品，也是 Oracle BI 产品 BIEE 的一部分。Oracle Analytics 的产品组件，不仅支持本地部署，也可以在云端方便地访问，甚至在个人的桌面端，用户也可以随时随地自如地分析任何来自个人或企业内部的数据。

Oracle Analytics Desktop 在方便用户使用、加速交互性的同时，保证数据的准确性和一致性，并具有以下亮点：

- 可视：让丰富的可视化控件来讲数据的故事，并且方便地分享给其他人。
- 简单：不论是加载数据，或者混搭不同来源的数据，还是以拖动的方式进行交互性探索，都以用户期望的方式进行。
- 快速：只需要通过点击，就可以快速地检索数据，找到更多的答案和业务洞察。
- 智能：对数据进行解读，推荐最佳的表现形式，并可以根据上下文自动进行联动。

Oracle Analytics Desktop 可以有多种部署选择，包括云端的 Oracle Analytics Cloud、本地部署的 Oracle Analytics 以及桌面版 Oracle Analytics Desktop。用户可以根据自己的实际需要，选择任何一种工作方式，利用相同的技术进行自助式的数据探索，并且可以在不同的工作方式中非常容易地进行迁移和共享。

2. Power BI Desktop

Power BI 是微软旗下的一个一体化的 BI 和分析平台，提供"即服务"或者桌面客户端，但是评分最高的还属其可视化功能。可视化能够直接从报告中创建，可以同整个组的用户共享。除了大量的内置可视化样式外，也可以在 AppSource 社区不断创建新的可视化样式，如果用户想自己编码，那么可以使用开发人员工具（Developer Tools）从头开始创建并与其他用户共享。它还包括一个自然语言界面，允许通过简单的搜索词建立不同复杂度的可视化。

Power BI 的主要产品有：Power BI、Power BI Desktop、Power BI Premium、Power BI Mobile、Power BI Embedded 和 Power BI Report Server。

3. Tableau Desktop

Tableau 是一家提供商业智能的软件公司，主要产品有 Tableau Public、Tableau Desktop、Tableau Online、Tableau Server、Tableau Mobile 和嵌入式分析等。Tableau Desktop 是桌面系统中最简单的商业智能工具软件之一。Tableau 是能够帮助用户查看并理解数据的商业智能软件，具有分析快速、简单易用、不限数据源、智能仪表板、自动更新、瞬时共享等特点。

"所有人都能学会的业务分析工具"，这是 Tableau 官网上对 Tableau Desktop 的描述。Tableau Desktop 是基于斯坦福大学突破性技术的软件应用程序，分个人版和专业版。Tableau Desktop 能连接许多数据源，如 Access、Excel、文本文件 DB2、MS SQL Server、Sybase 等，在获取数据源中的各类结构化数据后，它帮助用户生动地分析实际存在的任何结构化数据，以在几分钟内生成美观的图表、坐标图、仪表盘与报告。利用 Tableau 简便的拖放式界面，用户可以自定义视图、布局、形状、颜色等，帮助用户展现自己的数据视角。

1.3　数据挖掘

1.3.1　数据挖掘概述

在大数据时代，如果人们想要探究数据深层次的内涵，离不开数据挖掘的操作。数据挖掘（Data mining），又译为资料探勘、数据采矿，一般是指从大量的数据中通过算法搜索隐藏于其中信息的过程。数据挖掘通常与计算机科学有关，并通过统计、在线分析处理、情报检索、机器学习、专家系统和模式识别等诸多方法来实现上述目标。

数据挖掘常见的分析方法有：分类、估计、预测、相关性分组或关联规则、聚类复杂数据类型挖掘等。

微　课
数据挖掘

1.3.2　常用数据挖掘工具

1. IBM SPSS Modeler

IBM SPSS Modeler（网址：https://www.ibm.com/cn-zh/products/spss-modeler）是 IBM 开发的一个面向商业用户的高品质数据挖掘工具，该软件拥有可视化用户界面，简单易用，且包含多种挖掘算法，可快速建立数据模型，挖掘结果直观易懂，可应用于商业活动，从而改进决策过程，故在数据挖掘领域具有较高的口碑。

2. R

R（网址：https://www.r-project.org/）是属于 GNU 系统的一个自由、免费、源代码开放的软件，有 UNIX、Linux、MacOS 和 Windows 版本，是一个用于统计计算和统计制图的优秀工具。R 是一套完整的数据处理、计算和制图软件系统。其功能包括：数据存储和处理系统；数组运算工具；完整连贯的统计分析工具；优秀的统计制图功能；简便而强大的编程语言：可操纵数据的输入和输出，可实现分支、循环，用户可自定义功能。

事实上，与其说 R 是一种统计软件，还不如说 R 是一种数学计算的环境，因为 R 并不是仅仅提供若干统计程序，使用者只需指定数据库和若干参数便可进行一个统计分析。R 的思想是：它可以提供一些集成的统计工具，但更大量的是它提供各种数学计算、统计计算的函数，从而使使用者能灵活机动地进行数据分析，甚至创造出符合需要的新的统计计算方法。

3. Oracle Data Mining

Oracle Data Mining（网址：https://www.oracle.com/cn/index.html）是 Oracle Advanced Analytics 数据库选件的一个组件，它提供了强大的数据库挖掘算法，可以让数据分析师发现洞察、做出预测并利用其 Oracle 数据进行投资。通过 Oracle Data Mining，用户可以在 Oracle 数据库中构建和应用预测性模型，从而帮助用户预测客户行为、确定理想客户、制定客户档案、发现交叉销售机会、发现异常情况并识别潜在欺诈行为。

Oracle Data Mining 中的算法以 SQL 函数形式实现，充分利用了 Oracle 数据库的优势。SQL 数据挖掘函数可以挖掘数据表和视图、星状模式数据，包括事务性数据、聚合、非结构化数据，即 CLOB 数据类型（使用 Oracle Text 提取令牌），以及空间数据。Oracle Advanced Analytics SQL 数据挖掘函数充分利用数据库的并行能力进行模型构建和模型应用，并沿用所有数据和用户权限和安全方案。可以在 SQL 查询、BI 仪表盘和嵌入式实时应用中包含预测模型。

4. Weka

Weka（网址：https://www.cs.waikato.ac.nz/ml/weka/），全称是 Waikato Environment for Knowledge Analysis，是一个公开的数据挖掘工作平台，集合了大量能承担数据挖掘任务的机器学习算法，包括对数据进行预处理，提供分类、回归、聚类、关联规则以及在新的交互式界面上的可视化。

2005 年 8 月，在第 11 届 ACM SIGKDD 国际会议上，Waikato 大学的 Weka 小组荣获了数据挖掘和知识探索领域的最高服务奖，Weka 系统得到了广泛的认可，被誉为数据挖掘和机器学习历史上的里程碑，是现今最完备的数据挖掘工具之一，每月下载量超过万次。Weka 高级用户可以通过 Java 编程和命令行来调用其分析组件。同时，Weka 也为普通用户提供了图形化界面，和 R 相比，Weka 在统计分析方面较弱，但在机器学习方面要强得多。

5. RapidMiner

RapidMiner（网址：https://rapidminer.com/）是一个用于机器学习和数据挖掘实验的环境，用于研究和实际的数据挖掘任务，是世界领先的数据挖掘开源系统。该工具以 Java 编程语言编写，通过基于模板的框架提供高级分析。

6. KNIME

KNIME（网址：https://www.knime.com/）是一个基于 Eclipse 平台开发，开源的模块化数据挖掘软件平台。它提供了自建服务器版和云版两种支持方式，能够让用户可视化创建数据流，选择性地执行部分或所有分解步骤，然后通过数据和模型上的交互式视图研究执行后的结果。

KNIME 兼容多种数据形式，如纯文本、数据库、文档、图像、网络，还支持基于 Hadoop 的数据格式，兼容多种数据分析工具和语言。此外，KNIME 还支持 R 语言和 Python 语言的脚本，从而提供了易于使用的图形化接口，能够把分析结果通过生动形象的图形展示给用户。

KNIME 核心版本已经包含数百个数据集成模块（文件 I / O，支持所有通用 JDBC 的通用数据库管理系统的数据库节点），数据转换（过滤器，转换器，组合器）以及常用的数据分析和可视化方法。使用免费的 Report Designer 扩展，KNIME 工作流可用作数据集，以创建可导出为 doc、ppt、xls、pdf 等文档格式的报告模板。

▌ 1.4 数据分析

1.4.1 数据分析概述

数据分析，是指用适当的统计分析方法对收集来的大量数据进行分析，将它们加以汇总、理解并消化，以求最大化地开发数据的功能，发挥数据的作用。

微 课

数据分析

1.4.2 数据分析的目的与分类

数据分析的目的是把隐藏在大批看似杂乱无章的数据背后的信息集中和提炼出来，总结所研究对象的内在规律，帮助管理者进行有效的判断和决策。

数据分析的分类可分为以下 3 种。

（1）描述性数据分析：侧重于概括和表述数据的整体状况。

（2）探索性数据分析：侧重于在数据中发现新的特征。

（3）验证性数据分析：侧重于验证已有假设的真伪。

1.4.3 数据分析的作用

数据分析的作用主要体现在以下几方面。

1. 市场营销方面

通过数据分析和数据挖掘技术，可以精准寻找目标用户，发现用户特征，构建用户画像，预测用户行为，对用户进行合理分群、用户偏好预测、用户个性化推荐等。

此外，通过对用户行为分析研究，针对用户的多维度属性、标签和行为数据，进行用户流失预警、用户生命周期分析、用户影响力分析、用户价值分析等相关用户行为研究。

再者，通过监测并分析行业竞品情况，收集并解读相关用户和市场研究报告，为公司产品规划提供支持，对行业竞争品和行情进行监控。

2. 运营管理方面

在运营管理方面，通过对日常报告和数据的制作与维护，运营人员可以对公司业务的运营情况展开深入分析，提出发展策略和建议。借助于监控评估运营活动效能，运营人员也可以评估运营活动效能，提出营销活动优化和成本控制解决方案，并主导或协助落实。在公司管理层面，通过数据分析，可以针对运营团队整体 KPI 考核及情况制定对应绩效考核方案并跟踪绩效考核实施。

3. 产品研发方面

数据分析可以帮助产品进行优化升级，并对新产品的研发提供有效的数据支持。

4. 大数据平台支持方面

对于基金、证券、期货、投资这些金融行业，每天都会产生大量的数据，这些海量的数据更是离不开数据分析的辅助，对于深层次的数据挖掘具有强大的应用前景。

5. 其他方面

此外，数据分析在餐饮行业、旅游行业、快速消费品行业、教育行业、物流行业、互联网金融行业、建筑业等都具有举足轻重的价值，在如今这个时代，谁先认识到数据分析的巨大潜力并付诸行动，谁就能抢占先机。

1.5　数据分析的步骤

微　课

数据分析的
步骤

数据分析过程包括 6 个循序渐进的基本步骤，它们缺一不可，相辅相成，也是企业在数据分析时必不可少的步骤。

1. 明确分析目的和思路

明确分析目的和思路有助于帮助分析者提供清晰的指引方向，保证数据分析的有效进行。

2. 数据收集

数据收集是按照确定的数据分析目的收集相关数据的过程，它为数据分析提供基础，一般数据来源于以下 4 个渠道。

（1）权威机构：各国各级政府公开发布的数据，如中国国家统计局等。

（2）互联网：网络平台上公开的数据信息，如微博、百度、大众点评等。

（3）市场调查：自发进行的调研活动，向特定的群体收集数据。

（4）企业数据库：企业掌握的生产、运营数据，一般这类数据不会公开发布，或者，经过脱敏后公开使用。

3. 数据预处理

数据预处理是指对收集到的数据进行加工整理，形成适合数据分析的样式，是数据分析前必不可少的阶段，其目的是从大量的、杂乱无章、难以理解的数据中抽取并导出对解决问题有价值、有意义的数据，从而提高数据分析的效率。

数据预处理包括数据清洗、数据集成、数据变换和数据归约等。

4. 数据分析

数据分析是指用适当的分析方法及工具，对处理过的数据进行分析，提取有价值的信息，形成有效结论的过程。

数据分析分为以下 3 大类。

（1）描述性数据分析：侧重于概括和表述数据的整体状况，包括数量统计、数据缺失情况、样本分布、平均值、分位数、方差、指标在时间和空间上的变化趋势等。

（2）探索性数据分析：侧重于在数据中发现新的特征，是为了形成值得假设的检验而对数据进行分析的一种方法，是对传统统计学假设检验手段的补充。探索性数据分析的出发点不仅是确定数据质量，更是从数据中发现数据颁布的模式和提出新的假设。

（3）验证性数据分析：侧重于验证已有假设的真伪，注重对数据模型和研究假设的验证。

5. 数据展现

数据展现在数据分析步骤中是一个重要的角色，只有将收集的数据通过处理和分析，形成有用的信息，并且用图形，如柱形图、饼图、折线图等进行展现，能让人们一目了然地发现数据的本质以及作用，数据展现需要做到内容清晰易理解、信息完整明确、简洁美观。

6. 报告撰写

报告撰写是数据分析的最后一步，是整个数据分析过程的总结，是给企业决策者的一种参考，为决策者提供科学、严谨的决策依据。

一份优秀的数据分析报告，需要有一个明确的主题和一个清晰的目录，能图文并茂地阐述数据、条理清晰地呈现结论，使决策者能一目了然地看出报告的核心内容，这样既能给阅读者视觉上的冲击，又能很明确地阐述数据分析的核心内容。最后，需要加上结论以及建议，这样不仅可以给决策者指出问题，还可以提供方案和想法，以便决策者在决策时作为参考。

1.6　数据分析方法论

数据分析方法论是从宏观角度出发，指导数据分析师进行一个完整的数据分析的过程，它是一个指南针，为数据分析师指明数据分析的正确方向。

数据分析方法论是指数据分析的思路，是数据分析的前期规划，指导着后期数据分析工作的开展。数据分析方法论好比装修设计图，它为数据分析工作提供工作框架和指引，而数据分析方法好比装修的工具和技术，它为数据分析提供技术的方法和保障。

微课
数据分析方法论

1. PEST 分析

PEST 分析是分析企业外部宏观环境的一种方法，虽然不同的企业和行业受宏观环境的影响会有一定的差异，但一般企业和行业进行宏观环境分析时，必然会进行政治环境（Political）、经济环境（Economic）、技术环境（Technological）、社会环境（Social）分析，这四个环境是影响企业的外部环境因素。

2. 5W2H

5W2H 分析法又称七何分析法，是以 5 个 W 开头的英文单词和 2 个 H 开头的英文单词进行提问，从回答中发现问题的线索以及解决方法，它简单、方便、易于理解与使用，广泛用于企业管理和技术活动，对于决策和执行性的活动措施非常有帮助，并且有助于弥补问题的疏漏。

5W2H 指：为什么（Why）、做什么（What）、什么人做（Who）、什么时候（When）、什么地方（Where）、如何做（How）、什么价格（How much）。

3. 逻辑树分析法

逻辑树又称问题树、演绎树或分解树等，逻辑树是将问题的所有子问题分层罗列，从最高层开始，逐步向下扩展，并把一个已知问题当成树干，然后开始考虑这个问题和哪些问题有关，每想到一点，就给这个问题所在的树干加一个"树枝"，并标明这个"树枝"代表什么问题，一个大的"树枝"上还可以有小的"树枝"，依此类推，找出与问题相关联的所有项目。

逻辑树主要是帮助数据分析师理清自己的思路，避免进行重复和无关的思考。

4. 4P 营销理论

4P 营销理论产生于 20 世纪 60 年代的美国，它是随着营销组合理论的提出而出现的，营销组合实际上有几十个要素，这些要素可以概括为以下 4 类：产品（Product）、价格（Price）、渠道（Place）、宣传（Promotion）。

5. 用户行为理论

用户行为是指用户为获取、使用物品或者服务所采取的各种活动，用户对产品首先需要有一个认知、熟悉的过程，然后试用，再决定是否继续消费使用，最后成为忠诚用户。

1.7　常见数据分析法则

1. 四象限法则

微 课

数据分析
法则

四象限法则是数据分析中经常被用到且非常重要的一个分析方法，在应用上有着多种变化。所谓四象限法则，是指通过对两种维度的划分，运用坐标的方式表达出想要的价值，由价值直接转变为策略，从而进行一些项目的推动。四象限法则是一种策略驱动的思维，广泛应用于战略分析、产品分析、市场分析、客户管理、用户管理、商品管理等，其优点是直观、清晰，可以对数据进行人工划分，划分结果可以直接应用于策略。通过运用四象限法则分析数据，可以快速地找到问题的共性原因，建立分组优化策略。

2. 同期群分析

同期群分析，是指按时间维度对用户建立分组，观察分组用户的行为特征表现，其目的在于透过现象找到结果。以时间维度建立同期群，除按时间维度考虑，也可以按来源渠道等维度建立同期群。

3. 假设分析

在没有直观数据或者线索能进行分析的情况下，可以采用假设分析的方法进行综合考虑，以假设先行的方法进行推断，通过人工设置一个变量来进行反证。例如：新产品的预期销量、未来某段时间内的景区热门度之类的。假设分析是一种启发思考驱动的思维，它更多是一种思考方法，即假设、验证并加以判断。

4. 指数法

指数法主要有线性加权、反比例、log 三种方法，是一种目标驱动的思维，是将无法利用的数据加工成可利用的，从而进行分析。但是指数法没有统一的标准，很多指数更依赖经验来进行加工。指数法的优点是目标驱动力强、直观、简洁、有效，对业务有一定的指导作用，一旦设立指数不易频繁变动。

5. 帕累托法则

帕累托法则，又称二八定律、关键少数法则、不平衡原则等，被广泛应用于社会学及企业管理学等，它以 19 世纪末 20 世纪初意大利经济学家帕累托命名。因为他发现，在任何一组东西中，最重要的只占其中小部分，约 20%，其余 80% 尽管是多数，却是次要的。

帕累托法则是一种只抓重点的思维，应用于绝大多数的领域，因此，这种分析思维几乎没有什么局限性。但是在一些特定的情况下数据分析依旧不能放弃全局，否则就会使思路变得狭隘。

6. 对比分析法

对比分析法是一种挖掘数据规律的思维方式，一次合格的数据分析一般都会用到多次对比，如竞争对手对比、时间同比环比、类别对比、转化对比、特征和属性对比、前后变化的对比等。

在基于相同数据标准下，对比分析由其他影响因素所导致的数据差异，其目的在于找出差异后进一步挖掘差异背后的原因，从而找到优化的方法。

其优点也是显而易见的：对比分析法可以发现很多数据间的规律，可以与任何技巧结合。

7. 漏斗分析

漏斗分析，是一套流程式数据分析，它是能够科学反映用户行为状态，以及从起点到终点各阶段用户转化率情况的重要分析模型。漏斗分析模型已经广泛应用于网站用户行为分析和 App 用户行为分析的流量监控、产品目标转化等日常数据运营与数据分析的工作中。

漏斗分析最常用的是转化率和流失率两个互补型指标。比如有 10 人访问某电商网站，有 3 人点击注册，有 1 人注册成功。这个过程共有三个步骤：第一步到第二步的转化率为 30%，流失率为 70%；第二步到第三步转化率为 33%，流失率为 67%；整个过程的转化率为 10%，流失率为 90%。该模型就是经典的漏斗分析模型。

第2章
数据可视化初步

随着云计算、移动互联网的发展，一个以海量信息和数据挖掘为特征的大数据时代已经到来。大数据（Big Data）将引发新的"智慧革命"：从海量、复杂、实时的大数据中可以发现知识、提升智能、创造价值。

数据可视化（Data Visualization）是关于数据视觉表现形式的科学技术研究，是利用计算机图形学和图像处理技术，将数据转换成图形或图像在屏幕上显示出来，并进行交互处理的理论、方法和技术。但数据可视化的基本思想是将数据库中的每个数据项作为一个图形元素表示，例如，点、矩形条、扇形片等，大量的数据构成数据图像，同时将数据的各个属性值以多维数据的形式表示，可以从不同的维度观察数据，从而对数据进行更深入的观察和分析。

数据可视化是一个十分常见的技术，其应用领域非常广泛，比如应用在商业智能、政府决策、公共服务、市场营销领域、金融行业、电力行业、通信行业、工业制造和医疗保健行业等。相比传统的用表格或文档展示数据的方式，数据的可视化用更加直观的图表展示数据，在可视化图表展示形式方面，图表类型更加多样化、丰富化。可视化的宗旨都是以简洁易懂、省时高效的方式来呈现数据内容。

2.1 Oracle 数据分析软件产品简介

甲骨文公司（Oracle），全称甲骨文股份有限公司（甲骨文软件系统有限公司），是全球知名的企业级软件公司，总部位于美国加利福尼亚州的红木滩，其向一百多个国家的用户提供数据库、工具和应用软件以及相关的咨询、培训和支持服务。

Oracle 数据可视化是 Oracle 公司基于商业智能分析产品 BIEE（Business Intelligence Enterprise Edition）的一个功能扩展。产品于 2015 年正式发布，是一款集数据整理、数据可视化、数据挖掘（机器学习）为一体的敏捷数据分析软件。

Oracle 数据可视化技术有包括云端的 Oracle Analytics Cloud（OAC）、本地部署的 Data

Visualization（DV）以及桌面版 Data Visualization Desktop（DVD）多种部署方式。用户可以根据自己的实际需要，选择任何一种部署方式，利用相同的技术进行自助式的数据探索，并且可以在不同的工作方式中，非常容易地进行迁移和共享。

（1）云端部署（Cloud）：Oracle Analytics Cloud（OAC）。

Oracle 同时提供标准版、数据湖版、企业版，如图 2-1 所示，除了涵盖 DV 的可视化和自助分析能力外，还增强了云端的大数据存储及企业级 Business Intelligence（BI）分析能力。

（2）桌面版（Desktop）：Data Visualization Desktop（DVD）。

为用户提供了另外一个选择，即在自己的桌面上混搭和分析不同来源的数据，包括个人或部门的数据、企业的数据甚至是来自其他 Software-as-a-Service（SaaS）应用的数据。

（3）本地部署（On Premises）：Oracle Data Visualization（DV）。

Oracle Data Visualization（DV）是 Oracle Business Intelligence（BI）12c 分析平台的一个组成部分，能够帮助用户进一步扩展已经部署的 BI 平台和前期投资，将数据分析带到一个新的高度。

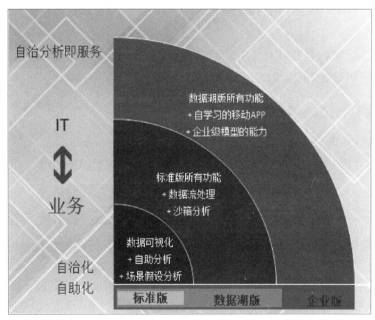

图 2-1　OAC 版本介绍

这里介绍 Oracle Analytics Desktop（Oracle AD）数据分析软件桌面版。产品具有以下特征：

（1）可视化：让丰富的可视化控件来讲数据的故事，并且方便地分享给其他人。

（2）简单：不论是加载数据，或者混搭不同来源的数据，还是以拖曳的方式进行交互性探索，都以用户期望的方式进行。

（3）快速：只需要通过点击，就可以快速地检索数据，找到更多的答案和业务洞察。

（4）智能：可以智能地对数据进行解读，推荐最佳的表现形式，并可以根据上下文自动进行联动。

相比较于同性质产品，它还包括以下特征：

（1）可视化图形丰富：提供更丰富、更美观的图形类型，更直观的数据洞察。

（2）贯穿数据分析的全生命周期：提供数据存储、转换、分析及机器学习一站式数据价值获取平台，更便捷的数据价值获取。

（3）机器学习：提供一键式机器学习和算法自定义机器学习平台，让机器学习更简单。

2.2 软件安装

2.2.1 硬件要求

Oracle Analytics Desktop 支持 Windows 和 Mac 操作系统下的安装，操作系统及硬件要求如下：

（1）操作系统：Microsoft Windows x64（64 位）7 SP1、8 或 10；Windows Server 2012 R2；Sierra 10.12、High Sierra 10.13。

（2）CPU：Intel(R) Core(TM)2 Duo E8400 @ 3.00 GHz，2 992 MHz 双核，2 个逻辑处理器或更快。

（3）内存：4 GB 内存或以上，建议 8 GB。

（4）最小可用磁盘空间：2 GB。

2.2.2 安装 Oracle AD

软件安装程序可至 Oracle 官网下载，官网地址：http://www.oracle.com。下载完成后，用户需要管理员权限才能安装，安装界面如图 2-2 所示。安装完成后即可使用。

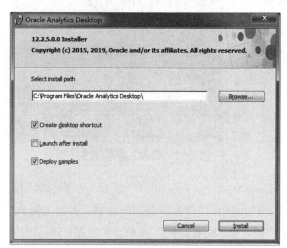

图 2-2　安装界面

2.2.3 安装 DVML

Oracle AD 安装完成后，在联网环境下，选择"开始"菜单→"所有程序"命令，在"Oracle"

目录下选择 Install DVML 进行数据分析机器学习模块安装。

2.3 Oracle AD 功能介绍

Oracle AD 提供了功能强大而简洁的可视化分析。Oracle AD 可视化数据的完整步骤如表 2-1 所示。

表 2-1 可视化数据的完整步骤

任　务	说　明	详细信息
创建项目并向其中添加数据集	创建新的 Data Visualization 项目并向项目添加一个或多个数据集	创建项目和添加数据集
添加数据元素	将数据元素（如数据列或计算）从所选数据集添加到"可视化"画布上的可视化	将数据从数据集添加到可视化画布
调整画布布局	添加、删除和重新排列可视化	调整可视化画布布局
筛选内容	指定要在可视化中包括多少结果和哪些项	创建并应用筛选器来可视化数据
部署机器学习和解释	使用"诊断分析（解释）"可显示数据集中的模式并发现洞察，添加"解释"为您的项目提供的可视化	使用机器学习分析数据集

2.3.1 认识主页

打开 Oracle AD 会显示"主页"，单击主页左上角"导航器"按钮≡，显示导航菜单栏，其中包含以下类别：主页、目录、数据、机器学习、控制台和快速入门等，如图 2-3 所示。用户可以自主选择显示的类别，如图 2-4、图 2-5 所示，显示所有项目和数据集。

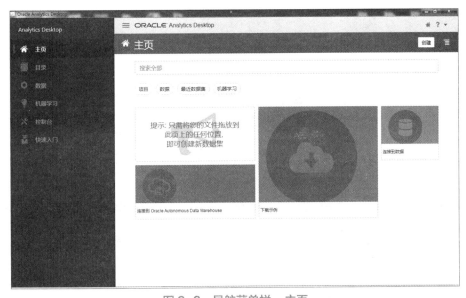

图 2-3 导航菜单栏 - 主页

图 2-4　目录（显示项目）

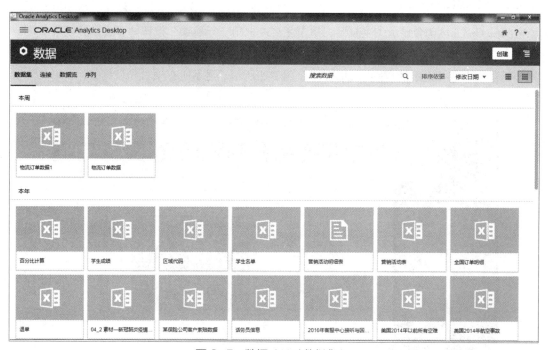

图 2-5　数据（显示数据集）

用户还可以单击主页右上角"页菜单"按钮▤定制主页显示类别，具体设置如图 2-6 所示。

图 2-6　定制主页

2.3.2　连接到文件

Oracle AD 支持多种数据文件类型，如 Excel 电子表格，扩展名为 .xls 和 .xlsx，还可以添加 CSV 和 TXT 文件等。

本书中的案例选择 Excel 表为数据源，具体连接步骤参看范例 2-1，对于 Excel 表，需遵循以下规则（参考图 2-7 格式）：

（1）文件不得包含透视数据。

（2）表中数据必须从 Excel 文件的第 1 行、第 1 列开始。

	A	B	C	D	E	F
1	订单号	订单日期	顾客姓名	订单等级	订单数量	销售额
2	25542	2012-12-30	张毅	低级	37	257.46
3	45127	2012-12-30	王学涛	中级	10	14.15
4	47815	2012-12-30	郑帅	其它	45	580.96
5	49344	2012-12-30	杨玲	低级	31	672.93
6	49344	2012-12-30	何伟	低级	1	803.33
7	50950	2012-12-30	邓鹏	其它	6	391.12
8	50950	2012-12-30	邓鹏	其它	35	448.1
9	13507	2012-12-29	任东霖	中级	27	176.1
10	29216	2012-12-29	王雨华	中级	46	1936.45
11	29216	2012-12-29	王雨华	中级	17	3711.04
12	29220	2012-12-29	武骏	中级	36	12690.33

图 2-7　Excel 表格式

（3）表必须无任何空隙或内嵌标题的常规布局。内嵌标题就是在打印报表的每一页上重复显示的标题。

（4）第 1 行必须包含表的列名，如"订单号""订单日期""顾客姓名""订单等级""订单数量"等。

（5）第 1 行中的列标题必须唯一。

（6）第 2 行及以下是表的数据，不能包含列名。

（7）列中的数据必须具有相同类型，因为同一列的数据通常一起处理。例如："订单数量"应只包含数字（也可能为空值），因此可以求和或求平均值。"顾客姓名"和"订单等级"必须为文本，因为这些内容可能会连接起来，并且可能需要将日期拆分为月、季度或年。

（8）数据必须具有相同的粒度（粒度：数据的细化和综合程度）。表不能同时包含聚合和这些聚合的详细信息。例如，如果用户有粒度为"客户"、"产品"和"年份"的销售表，并且表包含每个产品按年度和客户列出的"购买数量"之和。在这种情况下，用户不能在同一个表中包含发票级别详细信息或每日数据，因为这样就无法正确计算"购买数量"之和。如果需要在发票级别、日级别和月级别进行分析，可以采用以下两种方法之一：

①提供一个发票详细信息表："发票号码"、"发票日期"、"客户"、"产品"和"购买数量"。可以将这些内容汇总到日、月或季度级别。

②提供多个表，每个粒度级别一个表（发票、日、月、季度和年）。

2.3.3 连接到数据库

使用 Oracle AD 连接数据库，步骤也非常简单。如图 2-8 所示，首先，在主页右上角，单击"创建"按钮，然后单击"连接"按钮以显示"创建连接"对话框，如图 2-9 所示，选择所要连接的数据库的类型创建连接即可。

拖曳"创建连接"对话框右侧滚动条，可以查看 Oralce DVD 支持创建的数据库类型，如 Oracle 应用产品、SQL Server、Dropbox、Google Drive 或 Google Analytics、JDBC、ODBC、Oracle Autonomous Data Warehouse Cloud、Oracle Big Data Cloud、Oracle Essbase、Oracle Talent Acquisition Cloud 等。

图 2-8　数据库连接

图 2-9　"创建连接"对话框

2.3.4 创建项目和添加数据集

项目为数据可视化的最小单元，通常在进行数据分析时，会首先创建项目，并将与项目有关的数据集添加到项目中。在需要进行数据可视化分享时，也会以项目为单位导出 DVA 格式来共享。

数据集指一个数据的集合，以二维表格形式出现。在 Oracle AD 中，数据集名称是唯一的，不能有重名。

（1）创建数据集：用户可以直接将数据源拖放到主页上的任何位置来创建新的数据集，也可以单击主页右上角"创建"按钮创建数据集。

（2）创建项目并添加数据集：单击主页右上角"创建"按钮，在展开的菜单中单击"项目"，此时将显示添加数据集对话框，在对话框中选择需要的数据，单击"添加到项目"按钮保存项目即可。

📝 **范例 2-1**

以某公司销售数据分析为例，现有样本数据"某公司销售数据.xlsx"，内含 4 个工作表："全国订单明细""退单""用户""区域"，数据统计周期为 2009/1/1 ～ 2012/12/30，数据包含订单号、订单日期、顾客姓名、订单等级、订单数量、销售额、折扣点、运输方式、利润额、单价、运输成本、区域、省份、城市、产品类别、产品子类别、产品名称、产品包箱、运送日期等字段。打开 Oracle AD，创建新项目，项目名称为"销售分析"，添加两个数据集并按照订单号进行匹配，数据集分别命名为"全国订单明细"和"退单"，数据来源为"某公司销售数据.xlsx"中"全国订单明细"和"退单"工作表。

微 课 ●········

范例2-1操作
演示
●··········

🐿 **操作步骤**

01 创建项目"销售分析"。单击主页右上角"创建"按钮如图 2-10 所示，在展开的菜单中单击"项目"，显示"添加数据集"对话框。单击"取消"按钮，先完成项目创建操作。此时界面转至"可视化"界面，当前项目名称为"无标题"，单击界面右上角"保存"按钮，如图 2-11 所示，在弹出的"保存项目"对话框的名称栏中输入项目名称"销售分析"并单击"保存"按钮，即完成"销售分析"项目创建，可通过"导航器"中"目录"参看刚创建的项目，如图 2-12 所示。

02 为项目添加数据集"全国订单明细"。单击图 2-12 中的"销售分析"项目，界面转至该项目的"可视化"界面，单击"可视化"界面左侧"数据"窗格⚙按钮，如图 2-13 所示。单击"添加数据集"选项，在随后弹出"添加数据集"对话框中单击右上角"创建数据集"按钮，此时弹出"创建数据集"对话框，可以通过将"某公司销售数据.xlsx"文件直接拖至如图 2-14 所示区域（或单击）的方式连接到文件，随后如图 2-15 所示添加数据集，默认数据集名称为 Excel 工作簿名称，在名称栏中修改数据集名称为"全国订单明细"，选择"全国订单明细"工作表，单击"添加"按钮，数据添加完成后，界面转至"准备"界面，单击界面右上角"保存"按钮，完成数据集的创建和添加，如图 2-16 所示。

图 2-10 创建项目

图 2-11 保存项目

图 2-12 目录 - 参看项目

图 2-13　添加数据集 - 可视化界面

图 2-14　创建数据集

图 2-15　添加"全国订单明细"数据集

图 2-16　"准备"工作界面 – 全国订单明细

03 为项目添加数据集"退单"。按照以上操作步骤，创建名为"退单"的数据集，数据为"某公司销售数据 .xlsx"中的"退单"工作表。此时，可通过"导航器"查看数据，如图 2-17中所示，在数据界面中显示刚才创建的两个数据集，分别为"全国订单明细"和"退单"。

图 2-17　数据界面

04 数据集连接。在"目录"界面中，单击"销售分析"项目，切换至"可视化"工作界面，单击界面右上角"准备"按钮，切换至数据"准备"界面，单击界面左下方"数据图表"进行数据集连接设置。单击两个数据集中间的连接点，弹出"连接源"对话框，如图 2-18 所示，修改连接为"扩展维"，默认为"添加事实"，单击"添加其他匹配项"按钮，选择"退单"数据集中的"订单号"与"全国订单明细"数据集中的"订单号"匹配。切换至"可视化"界面，在"数据"面板中选中"全国订单明细"数据集中的"订单号"，如图 2-19 所示，在"属性"面板中显示订单号匹配信息,保存项目。

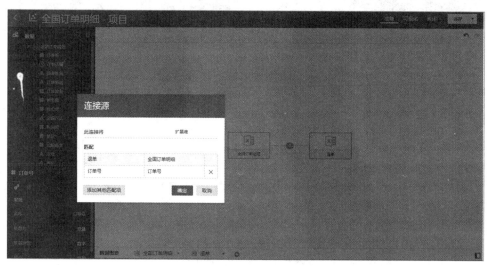

图 2-18　数据集连接

05 在"目录"界面中,可通过项目的快捷菜单对项目进行重命名、删除、复制、导出等操作,如图 2-20 所示。

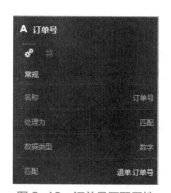

图 2-19　订单号匹配属性

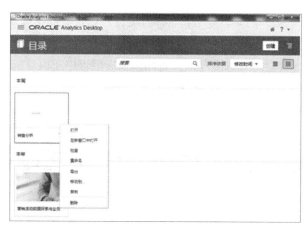

图 2-20　项目右键菜单

注意:

如果制作一张可视化图表需要使用不同数据集中的数据时,软件会根据数据情况进行自动匹配。我们也可以根据需要,在可视化图表属性中的"数据集"选项卡中更改数据混合方式,从而得到不同的数据混合结果。例如:现有两个数据集如图 2-21 所示,根据不同的数据混合方式得到的数据匹配结果如图 2-22 所示。

Test1		Test2	
编号	姓名	姓名	成绩
1	张三	张三	60
2	李四	王五	80

图 2-21　两个数据集

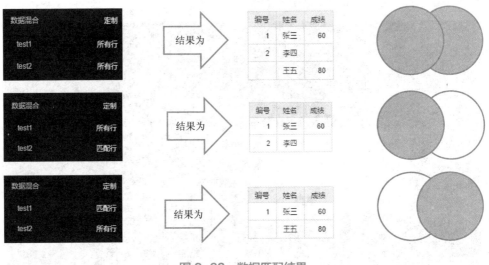

图 2-22　数据匹配结果

2.3.5　项目的导入导出

1. 项目的导入

用户可以导入一个现有的项目，项目文件扩展名为 .DVA，也可以从外部源（如 Oracle Fusion Applications）导入应用程序。

通过导入方式导入，文件包含应用程序或项目所需的全部内容，如关联的数据集、连接字符串、连接身份证明和存储的数据。

如图 2-23 所示，用户可以通过单击 Oracle AD 主页的页菜单，在下拉菜单中单击"导入项目"，弹出"导入"对话框（见图 2-24）进行项目导入。

图 2-23　页菜单－导入项目

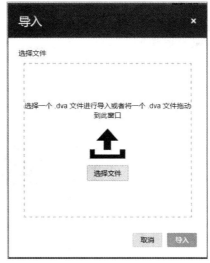

图 2-24　"导入"对话框

2. 项目的导出

当用户完成数据分析时，可以导出项目文件 .DVA。

如图 2-25 所示，在主页"项目"界面中，右击需要导出的项目，在快捷菜单中选择"导出"选项，弹出"导出"对话框（见图 2-26）。

Oracle AD 支持"文件"和"电子邮件"两种项目导出方式。

（1）文件导出：导出项目文件 .DVA，可选择保存在本地磁盘目录下。

图 2-25　导出项目

图 2-26　"导出"对话框

（2）电子邮件导出：自动打开邮件客户端，创建一份新电子邮件，并在附件中添加项目文件 .DVA，用户可以通过发送邮件的方式与他人共享项目文件。

在"导出"对话框中选中"文件"导出方式，会弹出导出文件设置对话框，如图 2-27 所示，如果希望在导出文件中包含数据，请移动滑块以启用"包含数据"选项。如果希望导出的项目包含连接的用户名和密码，请移动滑块以启用"连接身份证明"选项。项目导出如设置了连接身份证明口令，在导入时需输入口令才可导入项目，如图 2-28 所示。

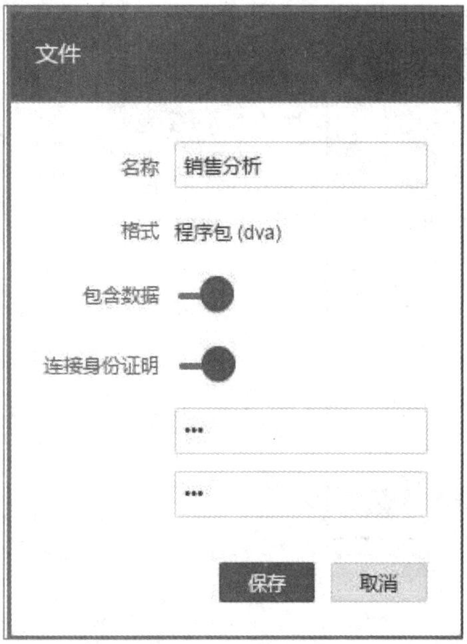

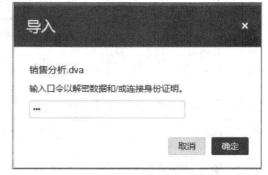

图 2-27　导出文件设置

图 2-28　输入口令导入

文件导出设置完成后单击"文件"对话框中的"保存"按钮，选择保存目录地址进行保存。

2.3.6　工作界面简介

数据可视化工作界面如图 2-29 所示，左边为"数据"面板和"属性"面板，用户可以根据需要通过左上角的面板切换按钮切换到"数据"、"可视化"或"分析"面板。右侧为"可视化"画布编辑区域。

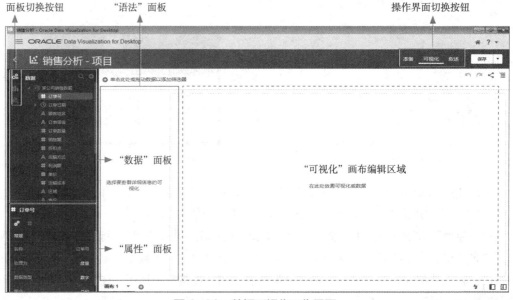

图 2-29　数据可视化工作界面

Oracle AD 提供了准备、可视化、叙述工作界面，可以通过右上角操作界面切换按钮进行切换。其中：

• 准备界面：主要用于按列进行的字段数据转换、扩充以及数据集连接等操作。

• 可视化界面：主要用于数据的可视化操作。

• 叙述界面：主要用于构建故事。例如：注意到数据中的前后变化趋势，添加到故事中来展示。

一旦将数据添加至"可视化"画布编辑区域，在画布中就会出现"语法"面板（见图 2-30）。用户可以通过"语法"面板对当前选中的可视化图表进行详细的编辑和设计。例如：可视化图表类型、X 轴、Y 轴、颜色、大小、筛选器等设置。

图 2-30　"语法"面板

2.4　Oracle AD 支持的数据类型

2.4.1　定性数据与定量数据

在计算机中，可以大致将数据形式表示为两大主要类别：数值型数据和非数值型数据。

数值型数据是按数字尺度测量的观察值，其结果表现为具体的数值。现实中所处理的大部分数据都是数值型数据，如收入 300 元、年龄 2 岁、考试分数 100 分、质量 3 千克等，这些数据就是数值型数据。对数值型数据，可直接用算术方法进行汇总和分析，如算术运算的加、减、乘、除、乘方、开方、取模等，如关系运算的等于、不等于、大于、小于等。而对其他类型的数据则需特殊方法来处理。数值型数据根据其取值的不同，又可以分为连续型数据和离散型数据。

非数值型数据是指表示事物性质、类别等非数字特征的信息，通常指使用一些文本形式表示的数据信息，如按照性别描述有"男""女"；按照学历不同分为"大学专科""大学本科""硕士研究生""博士研究生"；按照产品等级划分有"优等品""一等品""合格品""不合格品"；按照产品编号描述产品有"2019010001""2019010002"等，产品编号的数据类型为数字形式的文本信息。非数值型数据不能进行传统数学范畴的计算。

统计学中将数据分为定性数据与定量数据，定性数据包含分类数据和顺序数据，定量数据包含连续型数据和离散型数据。其中，定性数据为非数值型数据，定量数据为数值型数据，如图 2-31 所示。

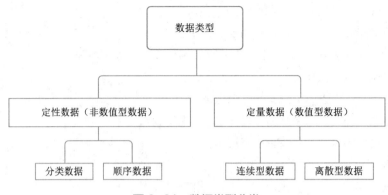

图 2-31　数据类型分类

对于数据分析的初学者们，数据类型是一个非常重要的概念。在数据可视化分析过程中，数据分析会根据不同的数据类型选择不同的分析方法。

原始数据一般无法直接进行数据分析，或者分析结果差强人意。为了提高数据分析的质量需进行审核、筛选、排序等必要的数据预处理。

数据经过预处理后，不同类型的数据所采用的处理方法有所不同，并且不同类型的数据的图表展示也有所不同。

1. 定性数据

统计学中将非数值型数据称为定性数据。定性数据主要用作分类处理，包括分类数据和顺序数据，是一组表示事物性质、规定事物类别的文字表述型数据，不能将其量化，只能将其定性。

• 分类数据：只能归于某一类别的非数字型数据。例如：按性别分男、女；按照行业分医药企业、教育机构、纺织品企业等。

• 顺序数据：只能归于某一有序类别的非数字型数据。类别是有顺序的，如：产品分一等品、二等品、三等品、次品等；成绩分优、良、中、差等。

 范例 2-2

某饮品店为了研究客户对饮料类型的偏好情况，抽调了部分该饮品店的饮料售卖数据，如表 2-2 所示。请问以下数据分别是什么数据类型？

表 2-2　某饮品店饮料售卖数据

顾 客 性 别	饮 料 类 别	评　价	顾 客 性 别	饮 料 类 别	评　价
女	拿铁	非常满意	女	拿铁	满意
男	美式咖啡	一般	男	拿铁	非常不满意
……	……	……	……	……	……
女	拿铁	一般	女	拿铁	不满意
男	美式咖啡	满意	男	苏打水	一般

操作步骤

01 表 2-2 中所有的数据均为定性数据（非数值型数据）。

02 其中"顾客性别""饮料类别"为分类数据，只能归于某一类别的非数字型数据，如：按"性别"分男、女；按照"饮料类别"分拿铁、美式咖啡、苏打水。

03 "评价"为顺序数据，只能归于某一有序类别的非数字型数据。类别是有顺序的，如按照满意程度分"非常满意"、"满意"、"一般"、"不满意"和"非常不满意"。

（1）频数分布。

分类数据在整理时首先列出所分的类别，然后需要计算每一个类别的频数、频率或比例、比率等，最后根据需要选择恰当的图表类型进行展示。

• 频数，又称次数，指落在某一特定类别（或组）中的数据个数。

• 频数分布，指数据在各类别（或组）中的分配。

• 频率，又称相对次数，即某一数据出现的次数除以这一组数据总个数。频率通常用比例或百分比表示。

• 比例指一个总体中各个部分的数量与总体数量之比。

• 比率指总体中各不同类别数值之间的比值。

 范例 2-3

表 2-3 为某班级学生性别和生源地信息，请对表中数据进行整理，生成班级男女及生源地频数分布表。

表 2-3　某班级学生性别与生源地

性　别	生　源　地	性　别	生　源　地	性　别	生　源　地	性　别	生　源　地
女	浙江	女	浙江	女	江苏	男	安徽
女	浙江	女	四川	男	浙江	男	河南
女	浙江	女	湖南	男	河北	男	上海
女	浙江	女	浙江	男	上海	男	上海
女	安徽	女	上海	男	上海	男	上海
女	浙江	女	上海	男	上海	男	上海
女	浙江	女	上海	男	上海	男	上海
女	浙江	女	上海	男	上海	男	上海
女	上海	女	河南	男	上海	男	上海
女	上海	男	浙江	男	上海	男	上海
女	上海	男	浙江	女	浙江	男	上海
女	浙江	男	浙江	女	浙江	男	江苏
女	浙江	女	上海				

🐢 **操作步骤**

如图 2-32 所示，数据中共有人数 50 人，其中男生 24 人，女生 26 人，男生比率为 48%，女生比率为 52%，男女比例为 24∶26。学生主要来自上海和浙江，分别为 24 人和 17 人。

生源地	男	女	总计
安徽	1	1	2
河北	1	0	1
河南	1	1	2
湖南	0	1	1
江苏	1	1	2
上海	16	8	24
四川	0	1	1
浙江	4	13	17
总计	24	26	50

图 2-32　学生性别和生源地的频数分布

（2）累积频数和累积频率。

对于顺序数据，还可以通过计算得到累积频数和累积频率（百分比）。

- 累积频数指将各有序类别或组的频数逐级累加起来得到的频数。
- 累积频率指将各有序类别或组的百分比逐级累加起来得到的百分比。

频数的累积方法有两种：向上累积和向下累积。按照类别顺序的开始一方向类别顺序的最后一方累加频数（频率）称为向上累加；反之为向下累积。通过累积频数（频率），可以很容易看出某一类别以下或者某一类别以上的频数（频率）之和。

📝 **范例 2-4**

表 2-4 为某城市 300 户家庭对住房状况评价的频数分布表，计算得到向上累积和向下累积的频数和频率分布表。

表 2-4　某城市 300 户家庭对住房状况评价的频数分布表

回 答 类 别	户　数	百分比 /%
一般	93	31
非常不满意	24	3
不满意	108	36
非常满意	30	10
满意	45	15
合计	300	100

🐢 **操作步骤**

01 按照类别顺序进行排序。如图 2-33 所示，按"非常不满意"、"不满意"、"一般"、"满意"和"非常满意"排序。

02 计算向上累积和向下累积频数（频率），结果参考图 2-34。

回答类别	户数	百分比/%
非常不满意	24	3
不满意	108	36
一般	93	31
满意	45	15
非常满意	30	10
合计	300	100

图 2-33　类别顺序排序

回答类别	户数	百分比/%	向上累积频数	向上累积频率	向下累积频数	向下累积频率
非常不满意	24	8	24	8	300	100
不满意	108	36	132	44	276	92
一般	93	31	225	75	168	56
满意	45	15	270	90	75	25
非常满意	30	10	300	100	30	10
合计	300	100	——	——	——	——

图 2-34　累积频数（频率）

对于定性数据，可以用频数分布表以及比例、百分比、比率、累积频数（频率）等统计量进行描述，可以用条形图、饼图、折线图、帕累托图等图表进行展示。

2. 定量数据

统计学中将数值型数据称为定量数据，定量数据主要做分组整理，是事物现象的数量特征，例如距离、时间等都是定量数据。定量数据根据不同方式的取值可分为连续数据和离散数据。

• 离散数据是指其数值只能用自然数或整数单位计算的数据。例如：企业个数、职工人数、设备台数等，只能按计量单位数计数。这种数据的数值一般用计数方法取得。

• 连续数据指在一定区间内可以任意取值、数值是连续不断的、相邻两个数值可作无限分割（即可取无限个数值）的数据。例如：生产零件的规格尺寸、人体测量的身高、体重、胸围等为连续数据，其数值只能用测量或计量的方法取得。

定量数据表现为数字，在整理时通常是对其进行分组。将原始数据按照某种标准划分成不同的组别，称为数据分组。数据分组的主要目的是观察数据的分布特征。

 范例 2-5

表 2-5 为某空调公司 2015 年 1 月每天的销售量，试对数据进行分组处理。

表 2-5　某空调公司 2015 年 1 月每天的销售量

179	161	198	145
187	162	218	
187	163	223	
196	164	214	
152	174	215	
153	178	228	
154	143	234	
159	147	222	
160	149	178	
161	150	230	

　　　操作步骤

01 确定组数。一组数据需要分多少组，一般与数据本身的特点及数据的多少有关。由于分组的目的之一是观察数据分布的特征，因此组数的多少应适中。如果组数太少，数据的分布会过于集中；如果组数太多，数据的分布会过于分散，都不利于观察数据分布的特征和规律。一般情况下，一组数据所分的组数不少于 5 组且不多于 15 组，但具体要分多少组，通常要根据数据的多少及分析的需要而定。就本例而言，可以尝试分为 5 组。

02 确定组距。

① 分组时，需遵循"不重不漏"的原则，也就是说全部数据都需进行分组，不能遗漏，且每一个数据只能分在某一组，不能在其他组重复出现。

② 组距可根据全部数据的最大值、最小值以及所分的组数来确定，即：

$$组距 = \frac{最大值 - 最小值}{组数}$$

本例中，最大值为 234，最小值为 143，则：

$$组距 = \frac{234-143}{5} = 18.2$$

为了便于计算，组距宜取 5 或者 10 的倍数，根据以上分析，本例组距设定为 20。

③ 分组处理。如图 2-35 所示，第一组的最小值（起始值）要小于整体数据的最小值，最后一组的最大值（终止值）要大于整体数据的最大值，步长为组距 20。

在组距分组中，如果全部数据中的最大值和最小值与其他数据相差悬殊。例如：在此范例中的 31 个数据中，修改最小值为 98，最大值为 275，采用上面的分组就会出现"空白组"（即没有变量值的组）。这时，第一组和最后一组可以采取"** 以下"及"** 以上"这样的开口组，如图 2-36 所示。

分组	计数项：销售数量
140-159	9
160-179	10
180-199	4
200-219	3
220-240	5
总计	31

图 2-35　销售量分组情况

分组	计数项：销售数量
140以下	9
160-179	10
180-199	4
200-219	3
220以上	5
总计	31

图 2-36　设置开口组

在组距分组过程中，根据组距是否相等，可分为等距分组和不等距分组。本范例的分组就是等距分组。有时，对于某些特殊需要，可采用不等距分组。例如：对人口年龄的分组，可根据年龄划分 0 ~ 6 岁（童年组）、7 ~ 17 岁（少年组）、18 ~ 40 岁（青年组）、41 ~ 65 岁（中年组）、66 岁以上（老年组）等。

定性数据的整理与图示方式同样适用于定量数据，但是数值型数据还有一些特定的整理和图示方式，如直方图、箱线图、散点图、气泡图、雷达图等。

2.4.2　度量和属性

Oracle AD 会将该数据集中的每个字段处理为"度量"和"属性"。如果字段为定性数据、日期或者地理数据等，则处理为"属性"。如果字段为定量数据（数字类型），则处理为"度量"。

Oracle AD 提供很多预设的聚合计算。聚合表示多个值聚集为一个数值，如总和、平均值、最大值、最小值、计数、相异值计数。

计数指计算范围内数据的个数。

相异值计数指计算范围内不同数据的个数，相同数据只进行 1 次计数。

例如，班级一共 50 位同学，其中 3 位同学同名。通过"姓名"字段进行计数运算得到值50；通过"姓名"字段进行相异值计数运算得到值 48，同名数据只进行 1 次计数。

Oracle AD 不会对属性字段进行聚合，如果要对字段的值进行聚合，那么该字段必须为度量。一旦将度量字段添加到可视化区域，默认对该字段进行求和计算。如图 2-37 所示，在"数据"面板中选中相应字段，在"属性"面板下方选择"总和"，在弹出的菜单中也可以选择其他聚合方式。

图 2-37　销售额的总和

2.4.3　连续和离散

如果字段被处理为"度量"，可以进行求和、求平均值或者其他方式聚合，Oracle AD 会假定这些值是连续的。当把这些字段拖至画布中可视化和数据区域（或"语法"面板中 X 轴、Y 轴区域），能够显示一系列实际值和可能值。可视化图表中，摆放度量数据的值轴会根据数值默认生成刻度范围，一般开始设置为"如果所有的数据值均为正值，从 0 开始，否则开始值小于最小负值"，结束设置为"将大于最大的数据"。

如果字段被处理为"属性"，Oracle AD 不会对属性字段进行聚合，会假定这些值为离散的。

2.5　数据准备

从数据源读取数据时，Oracle AD 尝试将载入字段的数据类型映射到支持的数据类型。

例如，只包含数字值的字段列将格式化为数字类型；只包含日期值的字段列将格式化为日期类型；包含数字和字符串值混合的字段列将格式化为字符串类型。而如果数据源中包含 Data Visualization 中不支持的数据类型，将显示错误消息。

Oracle AD 支持以下基本数据类型：

- 数字类型 — INT（整型）、FLOAT（单精度型）、DOUBLE（双精度型）等。
- 日期类型 — DATE（日期型）、TIME（时间型）等。
- 字符串类型 — CHAR（固定长度的字符型）、VARCHAR（可变化长度的字符型）等。

字段的数据类型在 Oracle AD "数据"面板中使用表 2-6 所示的不同图标来标识。

表 2-6　Oracle AD 主要数据类型图标

图　标	说　明
#	数字（数字类型）
⏱	日期（日期类型）
A	文本（字符串类型）

在实际应用中，载入到 Oracle AD 的数据集不一定能直接用于数据分析。例如，字段的数据类型被格式化为不正确的数据类型，或者需要从字段中拆分出部分数据进行数据分析，又或者需要自己创建计算字段等，这都需要通过数据转换操作对原始数据进行加工处理，使其符合分析的需要。

在项目的"准备"界面中，利用数据转换操作可以对选中的字段做数据类型转换、分组、拆分、替换、平方根等转换操作。

下面，我们来具体了解 Oracle AD 中常用的数据转换操作。

2.5.1　转换数据类型

当 Oracle AD 将字段标识为不正确的数据类型时，单击该字段右侧的 ≡ 按钮（选项按钮），或者选中字段后右击，通过快捷菜单中的"转换为文本""转换为数字""转换为日期"选项可以对字段进行数据类型的转换。

注意:

执行"转换为数字"操作会从字段中删除所有非数字的值,执行"转换为日期"操作将从字段中删除所有不是日期的值。

范例 2-6

打开"销售分析"项目,找出数据类型不规范的字段,并将其字段类型修改正确。

提示:

范例中的"订单号"是一组由数字构成的编号,Oracle AD 将其自动格式化为数字类型,但"订单号"不需要进行诸如总和、平均值、最大值、最小值等聚合计算,所以应将其转换为字符串类型更为合适。

操作步骤

01 转换为文本。如图 2-38 所示,在项目的"准备"界面中,单击"订单号"字段右侧的"选项"按钮 ,使用数据转换选项中的"转换为文本"选项进行转换。

结果					已格式化的数据 ▼		‹ 订单号 (0)	▼
订单号		A 顾客姓名	A 订单等级	订单数量	销售额	折扣点	当前没有 订单号 的建议	
25,5	重命名	张毅	低级	37	257.46000000000000	0.09000000000000		
30,9	复制	洪岩	中级	32	546.01000000000000	0.01000000000000		
38,2	转换为文本	孙蕴敬	高级	27	1,199.57000000000000	0.06000000000000		
1,3	连接...	韩民	高级	29	156.70000000000000	0.06000000000000		
30,5	收集器	杨慧玲	高级	28	431.37000000000000	0.03000000000000		
11,0	分位数	赵伟	高级	33	8,305.19000000000000	0.04000000000000		
50,9	常用对数	邓鹏	其它	35	448.10000000000000	0.10000000000000		
31,2	幂	杨高宁	其它	13	589.78000000000000	0.00000000000000		
4,5	平方根	张铮	其它	28	7,384.54000000000000	0.09000000000000		
56,0	指数	赵群红	低级	11	122.35000000000000	0.02000000000000		
29,2	创建...	武骏	中级	36	12,690.33000000000000	0.08000000000000		
28,7	编辑...	胡培生	其它	13	70.13000000000000	0.02000000000000		
25,0	隐藏	余春涛	高级	9	16.02000000000000	0.04000000000000		
47,462	删除 2011/06/09	李善轩	高级	18	110.31000000000000	0.05000000000000		
57,314	2010/10/12	韦毅祥	低级	22	846.35000000000000	0.04000000000000		
28,453	2012/12/28	赵磊华	中级	26	560.03000000000000	0.04000000000000		
数据图表	全国订单明细 ▼ 退单 ▼				19 个数据元素			

图 2-38　转换数据类型

02 应用脚本。如图 2-39 所示,单击脚本面板中的"应用脚本"按钮,将转换结果进行应用。

图 2-39　应用脚本

2.5.2　连接

数据转换选项中的"连接"选项可以将各种数据类型的字段列连接起来。例如，可以将出生日期、年龄以及地址连接起来，生成一个新字段列。

范例 2-7

打开"销售分析"项目，将"运输方式"列、"运送日期"列、"运输成本"列合为一列显示，分隔符为短画线，列名为"运输汇总"。

操作步骤

01　创建连接。单击"运输方式"字段右侧的"选项"按钮 ☰ ，选择"连接"选项。

02　新字段列命名，连接"运送日期"列。如图 2-40 所示，在"连接列"窗口中，设置以下参数：

（1）新列名：运输汇总。

（2）合并列："运输方式"与"运送日期"。

（3）分隔符：短画线（–）。

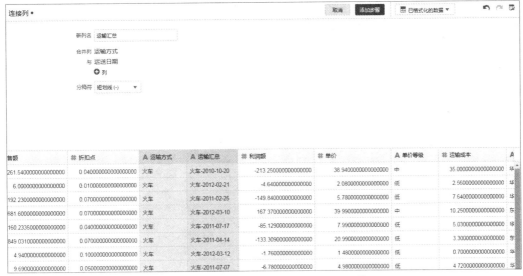

图 2-40 连接"运输方式""运送日期"列

03 连接"运输成本"列。单击图 2-40 中的 ⊕ 列 按钮,选择"运输成本"选项。

04 添加步骤。单击"连接列"窗口中的"添加步骤"按钮。

05 应用脚本。单击"数据"面板中的"应用脚本"按钮,将转换结果进行应用。

2.5.3 提取

数据转换选项中的"提取"选项可以从日期类型的字段值中抽取出"年""季度""月""周""工作日"和"一年中的第几周"等数据。

📢 **注意:**

"提取"选项中的"季度""月""周"选项在显示季度数据、月数据、周数据的同时,也会显示对应的年份数据。例如,2017 年第 4 季度,2017 年 5 月,2017 年第 42 周。

📝 **范例 2-8**

打开"销售分析"项目,提取出"订单日期"字段值所属的"季度"和"星期"数据,并将提取出的数据列分别命名为"季度"和"星期"。

🎯 **操作步骤**

01 提取"季度"数据。如图 2-41 所示,在项目的"准备"界面中,单击"订单日期"字段右侧的"选项"按钮 ≡ ,使用数据转换选项中的"提取"—"第几季度"选项进行转换。在"订单日期"列的右侧自动出现"订单日期 第几季度 1"列,该列中显示的数据为"订单日期"字段值所属的季度,如图 2-42 所示。

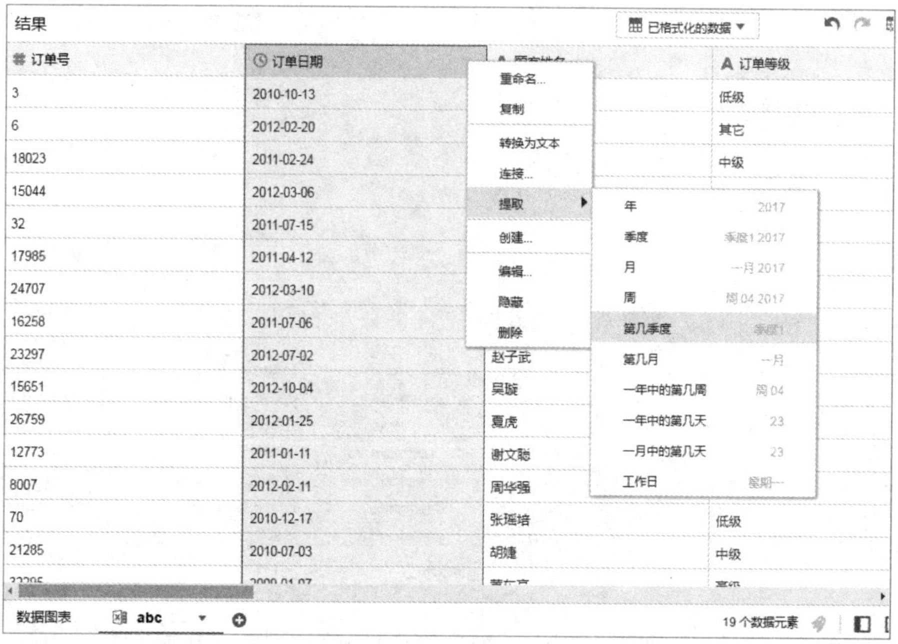

图2-41　提取"第几季度"

02　提取"星期"数据。如图2-43所示，单击"订单日期"字段右侧的"选项"按钮 ，通过"提取"—"工作日"选项可抽取出"订单日期"所对应的"星期"数据。在"订单日期"列的右侧将自动出现"订单日期 工作日 1"列，该列中显示的数据为"订单日期"字段值所属的星期，如图2-44所示。

图2-42　新增"订单日期 第几季度1"列

提取日期部分 •			编辑	⊞ 已格式化的数据 ▼	↶ ↷

⧉ 订单号	◷ 订单日期	季度 1	重命名…	Ａ 顾客姓名	
3	2010-10-13		复制	李鹏晨	
6	2012-02-20		转换为文本	王勇民	
18023	2011-02-24		连接…	吴媛	
15044	2012-03-06		提取 ▶	年	2017
32	2011-07-15		创建…	季度	季度1 2017
17985	2011-04-12		编辑…	月	一月 2017
24707	2012-03-10		隐藏	周	周 04 2017
16258	2011-07-06		删除	第几季度	季度1
23297	2012-07-02	季度3		第几月	一月
15651	2012-10-04	季度4		一年中的第几周	周 04
26759	2012-01-25	季度1		一年中的第几天	23
12773	2011-01-11	季度1		一月中的第几天	23
8007	2012-02-11	季度1		工作日	星期一
70	2010-12-17	季度4		张瑶培	
21285	2010-07-03	季度3		胡婕	
22295	2009-01-07	季度1			

数据图表	⊞ abc ▼	⊕		20 个数据元素	▯ ▭

图 2-43　提取"工作日"

提取日期部分 •		编辑	⊞ 已格式化的数据 ▼	↶ ↷

⧉ 订单号	◷ 订单日期	◷ 订单日期 工作日 1	◷ 订单日期 第几季度 1	Ａ 顾客
3	2010-10-13	星期二	季度4	李鹏晨
6	2012-02-20	星期日	季度1	王勇民
18023	2011-02-24	星期三	季度1	吴媛
15044	2012-03-06	星期一	季度1	赵江玲
32	2011-07-15	星期四	季度3	姚文文
17985	2011-04-12	星期一	季度2	魏华
24707	2012-03-10	星期五	季度1	邹翔然
16258	2011-07-06	星期二	季度3	隋作鑫
23297	2012-07-02	星期日	季度3	赵子武
15651	2012-10-04	星期三	季度4	吴璇
26759	2012-01-25	星期二	季度1	夏虎
12773	2011-01-11	星期一	季度1	谢文聪
8007	2012-02-11	星期五	季度1	周华强
70	2010-12-17	星期四	季度4	张瑶培
21285	2010-07-03	星期五	季度3	胡婕
22295	2009-01-07	星期一	季度1	董在東

数据图表	⊞ abc ▼	⊕		21 个数据元素	▯ ▭

图 2-44　新增"订单日期 工作日 1"列

03 重命名。单击"订单日期 第几季度 1"字段右侧的"选项"按钮 ☰，选择"重命名"选项，如图 2-45 所示，在"重命名列"窗口中，将"名称"修改为"季度"，单击"添加步骤"按钮完成重命名。同理，将"订单日期 工作日 1"列重命名为"星期"。

订单号	⏱ 订单日期	⏱ 订单日期 工作日 1	⏱ 订单日期 第几季度 1	A 顾客
3	2010-10-13	星期二	季度4	李鹏晨
6	2012-02-20	星期日	季度1	王勇民
18023	2011-02-24	星期三	季度1	吴嫒
15044	2012-03-06	星期一	季度1	赵江玲
32	2011-07-15	星期四	季度3	姚文文
17985	2011-04-12	星期一	季度2	魏华
24707	2012-03-10	星期五	季度1	邹翔然
16258	2011-07-06	星期二	季度3	廪作鑫
23297	2012-07-02	星期日	季度3	赵子武
15651	2012-10-04	星期三	季度4	吴璇
	2012-01-25	星期二	季度1	夏虎

图 2-45　重命名"订单日期 第几季度 1"列

04 应用脚本。单击脚本面板中的"应用脚本"按钮，将转换结果进行应用。

2.5.4　拆分

数据转换选项中的"拆分"选项可以依据位置或分隔符将文本值列拆分为几个部分。例如，可以从身份证列中拆分出出生日期。

范例 2-9

打开"销售分析"项目，从"产品包箱"字段列中拆分出包箱大小列和包箱类型列，分别命名为"包箱大小""包箱类型"，并隐藏原始列。

> **提示：**
> 观察"产品包箱"字段值发现，"包箱大小"属于"产品包箱"字段值的前两个字符，因此可以依据"位置"对"产品包箱"字段列进行拆分。

操作步骤

01 拆分"产品包箱"列。单击"产品包箱"字段右侧的"选项"按钮 ☰，选择"拆分"选项。

02 "拆分列"窗口参数设置。如图 2-46 所示，在"拆分列"窗口中，设置以下参数：

（1）依据：位置。

（2）位置：3（表示从该字段值的第 3 个字符开始拆分）。

（3）隐藏源列：勾选该复选框（表示隐藏原始列）。

（4）新列 1 名称：包箱大小，同时保留右侧的复选框勾选状态（表示显示该列）。

（5）新列 2 名称：包箱类型，同时保留右侧的复选框勾选状态（表示显示该列）。

（6）单击"添加步骤"按钮。

图 2-46　拆分"产品包箱"列

03 应用脚本。单击脚本面板中的"应用脚本"按钮，将转换结果进行应用。

范例 2-10

打开"销售分析"项目，从"产品名称"字段列中拆分出产品品牌，并命名为"产品品牌"，假定"产品名称"字段值的第 1 个单词为产品品牌。

> **提示：**
> 观察"产品名称"字段值发现，"产品品牌"与字段中的其他数据使用了"空格"进行分隔，因此可以依据"分隔符"对"产品名称"字段列进行拆分。

操作步骤

01 拆分"产品名称"列。单击"产品名称"字段右侧的"选项"按钮 ，选择"拆分"选项。

02　"拆分列"窗口参数设置。如图 2-47 所示，在"拆分列"窗口中，设置以下参数：

（1）依据：分隔符。

（2）分隔符：空格（ ）。

（3）匹配项：1（表示拆分出第 1 个空格前的数据）。

（4）要创建的部分数：1（表示拆分出 1 列）。

（5）隐藏源列：不勾选（表示显示源列）。

（6）新列 1 名称：产品品牌，同时保留右侧的复选框勾选状态（表示显示该列）。

（7）单击"添加步骤"按钮。

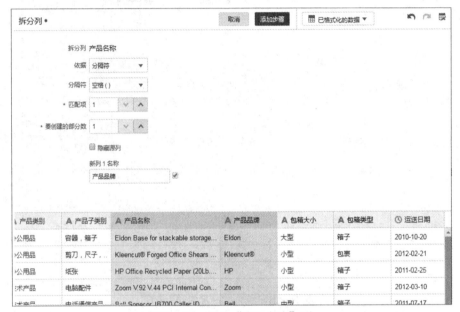

图 2-47　拆分"产品名称"列

03　应用脚本。单击"数据"面板中的"应用脚本"按钮，将转换结果进行应用。

2.5.5　创建

数据转换选项中的"创建"选项可以基于函数创建计算字段，并生成新数据列。

 范例 2-11

打开"销售分析"项目，利用函数生成姓氏列，并命名为"顾客姓氏"，假定"顾客姓名"字段值的第 1 个字为姓氏。

操作步骤

01　创建计算字段。单击"顾客姓名"字段右侧的"选项"按钮 ☰，选择"创建"选项。

02　搜索函数。如图 2-48 所示，在"创建列"窗口右侧的"函数"搜索框中输入 Left（大小写无关）。Left 函数属于字符串函数的一种，使用该函数将返回从字符串左侧算起的指定字符数，Left 函数的语法规则参见 4.3.2 节。

图 2-48　搜索"Left"函数

03 使用函数并修改字段名称。双击搜索到的 Left 函数，如图 2-49 所示，将函数表达式修改为 LEFT(顾客姓名 ,1)，并将名称修改为"顾客姓氏"。

注意：

出现绿色的"已验证计算"表示函数表达式正确，若出现红色的"语法错误"表示函数表达式错误。

图 2-49　Left 函数表达式

04 添加步骤。单击"创建列"窗口中的"添加步骤"按钮。

05 应用脚本。单击脚本面板中的"应用脚本"按钮，将转换结果进行应用。

2.5.6　分组

选择数据转换选项中的"分组"选项可为字符串类型的字段列创建自己的定制组。例如，可以将省/市/自治区与定制区域放在同一组中，或者可以将城市归类到包邮和不包邮的两个组中。

范例 2-12

打开"销售分析"项目，对"订单等级"字段列分组，其中，"高级"订单为"A"组，"中级"订单、"低级"订单为"B"组，"其他"订单为"C"组，新生成的字段列命名为"订单等级定制"。

操作步骤

01 创建分组。单击"订单等级"字段右侧的 ☰ 按钮（选项按钮），选择"分组"选项。

02 新字段列命名并创建"A"组。如图 2-50 所示，在"组"窗口中，设置以下参数：

（1）名称：订单等级定制。

（2）分组名称：A，勾选"高级"。右侧出现的蓝色数据条表示"A"组中的数据在所有数据中所占的比例。

图 2-50　定制"A"组

03 创建"B"组。单击图 2-51 左上方的 ⊕ 组按钮，如图 2-52 所示，修改分组名称为 B，并勾选"中级"和"低级"。右侧出现的绿色数据条表示"B"组中的数据在所有数据中所占的比例。

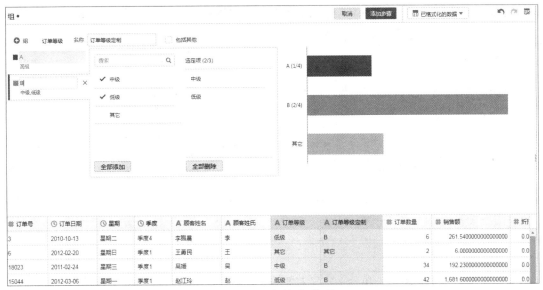

图 2-51 定制 "B" 组

04 创建 "C" 组。单击图 2-52 左上方的 ⊕ 组 按钮，如图 2-53 所示，修改分组名称为 C，并勾选 "其他"。右侧出现的黄色数据条表示 "C" 组中的数据在所有数据中所占的比例。

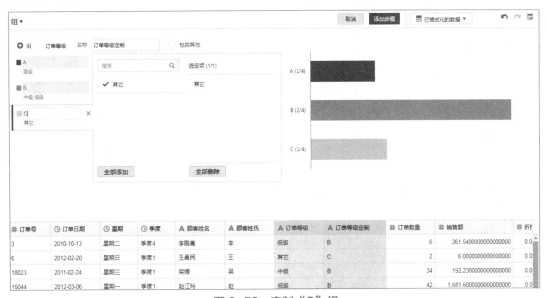

图 2-52 定制 "C" 组

05 添加步骤。单击 "组" 窗口中的 "添加步骤" 按钮。

06 应用脚本。单击 "数据" 面板中的 "应用脚本" 按钮，将转换结果进行应用。

2.5.7 收集器

与 "分组" 选项类似，数据转换选项中的 "收集器" 选项可为数字类型的字段列创建自已的定制组。例如，可以为"年龄"列创建收集器，根据定制需求，按照"青春期前"、"年轻人"、"成年人"或"长者"来收集。

范例 2-13

打开"销售分析"项目，对"单价"字段列创建收集器，如表 2-7 所示，按照"高""中""低"3个等级区间来收集数据，新生成的字段列命名为"单价等级"。

表 2-7　单价等级区间

单价等级	单价
高	>80
中	30 至 80
低	<30

操作步骤

01 创建收集器。单击"单价"字段右侧的"选项"按钮 ≡，选择"收集器"选项。

02 "收集列"窗口参数设置。如图 2-53 所示，在"收集列"窗口中，设置以下参数：

（1）新元素名称：单价等级。

（2）收集器数：3（表示按照 3 个区间收集数据）。

（3）方法：手动（表示手动设置区间范围）。

（4）设置区间范围：参照表 2-7 设置。

图 2-53　收集"单价"字段

03 添加步骤。单击"收集列"窗口中的"添加步骤"按钮。

04 应用脚本。单击脚本面板中的"应用脚本"按钮，将转换结果进行应用。

另外，利用数据转换选项还可以对选中的字段做大小写更新、字符串替换、平方根计算、对数计算等转换操作，具体转换选项、适用的数据类型和说明参见表 2-8。

表 2-8　部分转换选项说明

数据类型	转换选项	说　明
数字类型 日期类型 字符串类型	编辑	编辑当前列，可以重新格式化源列，而无需创建第二列并隐藏原始列
	隐藏	在"数据元素"面板和可视化中隐藏。如果希望查看隐藏的列，可单击页脚上的隐藏列（虚影图标）。随后可以取消隐藏单个列，也可以同时取消隐藏所有隐藏列
	复制	创建与所选列具有相同内容的列
	删除	删除当前列
仅字符串类型	替换	将所选列中的特定文本更改为指定的任何值。例如，可以将列中出现的所有 Mister 更改为 Mr.
	大写	使用全大写字母的值更新列的内容
	小写	使用全小写字母的值更新列的内容
	句首大写	更新列的内容，使得句子第一个单词的首字母大写
仅数字类型	常用对数	计算表达式的自然对数
	幂	对列的值按照所指定的数字取幂，默认幂为 2
	平方根	创建列，并使用所选列中值的平方根填充新列
	指数	计算表达式的自然指数

2.6　创作一个画布

通常，单张的可视化图表不能满足分析所需，可能需要多张图表进行综合分析，并且这些图表之间也是相关联的，可以交互的。这时需要用到画布。

从本质上看，画布更像一个"容器"，可以通过合理布局，用于摆放一个或以上相关联的可视化图表。

下面通过创作一个画布来了解 Oracle AD 的主要操作。

2.6.1　画布新建与设置

双击"主页"中新建创建的项目，会转到项目的"可视化"画布界面，如果是第一次打开，会出现一个空白的画布，默认名称为"画布 1"，也可以单击 ⊕ 按钮创建一个新的画布。

在项目的"可视化"画布中，选中画布名称右击，通过快捷菜单进行画布的重命名、画布大小、布局方式、删除、清除或复制画布等操作。

 范例 2-14

打开"销售分析"项目，将画布重命名为"销售分析"，并设置画布宽度 900 px，高度 500 px。

操作步骤

01 重命名画布。在项目的"可视化"画布（见图 2-54）中，选中"画布 1"右击，在弹出的快捷菜单中选择"重命名"命令，在随后出现的文本编辑框中输入"销售分析"，单击

微　课 ●‥‥‥

范例2-14操
作演示

右边 ✓ 按钮完成画布重命名设置。

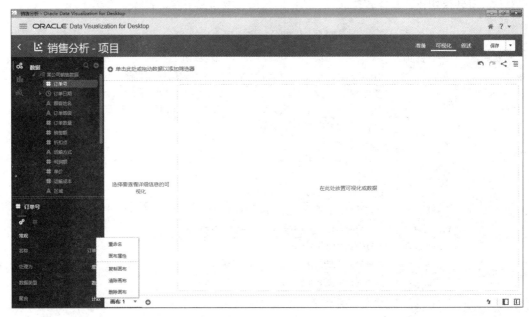

图 2-54　画布重命名

02 自定义画布大小。选中"销售分析"右击，在弹出的快捷菜单中选择"画布属性"命令，如图 2-55 所示，在弹出的"画布属性"对话框中选择"定制"，设置宽度 900 px，高度 500 px，默认设置是自动的，软件会根据计算机配置自动调整画布大小。

2.6.2　将数据添加到可视化画布

可采用直接拖曳或者双击的方式将字段逐个添加到"可视化"画布编辑区域，也可以按住【Ctrl】键在"数据"面板中单击选择所需的多个字段，然后拖曳到"在此处放置可视化或数据元素"处，此时，Oracle AD 会自动创建最佳可视化，也可以通过可视化"语法"面板选择其他可视化图形展示。

图 2-55　"画布属性"对话框

 范例 2-15

添加数据"销售额"到画布中并自动创建销售额总和的最佳可视化。

操作步骤

采用直接拖曳或者双击"数据"面板中的"销售额"字段即可将其添加到"可视化"画布编辑区域。此时，如图 2-56 所示 Oracle AD 通过预设的聚合计算对"销售额"进行求和计算并自动创建最佳可视化（磁贴），在画布上创建了第一个可视化图表。

图 2-56　销售额可视化（磁贴）

注意：

　　若可视化创建错误或者不需要时，可以在可视化图表区域中右击，在弹出的快捷菜单中选择"删除可视化"命令，删除当前可视化图表。

2.6.3　添加多个可视化图表

　　如需要在画布中添加多个可视化图表，可以采用拖曳的方式将所需字段拖至需要摆放的其他可视化图表边界处，当边界处出现蓝色加粗线条时释放鼠标即可。

范例 2-16

　　在"销售分析"画布中再添加一个可视化图表，用于呈现利润额总和。可视化图表置于画布下方。

　　为了了解某公司的销售额和利润额总和，需要设计画布布局和可视化，让数据呈现更加美观和直观。根据题意，在画布中添加第二个可视化图表，用于显示利润额总和。

操作步骤

注意：

　　本例中，如果在"数据"面板中采用双击"利润额"字段添加数据，或者将其拖曳至画布销售额可视化图表区域中的任意位置，其操作是将此数据添加到当前销售额可视化图表中。

　　如果需要在当前画布中再创建第二个可视化图表用于展示利润额总和，如图 2-57 所示，需要将"利润额"字段拖曳至销售额可视化图表下边界，当边界处出现蓝色加粗线条时释放鼠标，可视化效果如图 2-58 所示。

图 2-57　添加第 2 个可视化图表

图 2-58　利润额可视化（磁贴）

2.6.4　更改可视化类型

　　将数据元素添加到画布时，Oracle AD 会自动创建最佳可视化图表。有时，从设计和分析角度考虑，会选择其他的更适合的图表类型来展示，这时就需要更改可视化类型。

　　更改可视化类型首先需要选中可视化图表，在"语法"面板中，单击最上方的"可视化"展开所有选项，选择需要更改的可视化类型。也可以直接选中画布，在画布右上角出现的可视化工具栏中单击"更改可视化类型" 按钮进行更改，如图 2-59 所示。

图 2-59　可视化工具栏

范例 2-17

在"销售分析"画布右侧再添加一个可视化图表，用于呈现各产品子类别的利润额情况。修改其可视化类型为水平条形图。

操作步骤

01 在画布中添加第三个可视化图形，放置在画布右侧。按住【Ctrl】键在"数据"面板中选中"产品子类别"和"利润额"字段，拖曳至画布右侧，效果如图 2-60 所示。此时，在"语法"面板中，Oracle AD 自动创建条形图可视化类型，Y 轴（值）是利润额，X 轴（类别）是产品类别。

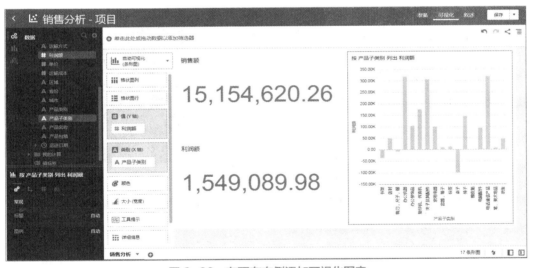

图 2-60　在画布右侧添加可视化图表

02 如图 2-61 所示，选中右侧可视化图表（蓝色细实线显示），在"语法"面板中展开"可视化"下拉列表，在展开的列表中选中第 1 行第 5 列"水平条形图"可视化类型即可，此时，X 轴和 Y 轴上数据交换，X 轴（值）是利润额，Y 轴（类别）是产品类别。

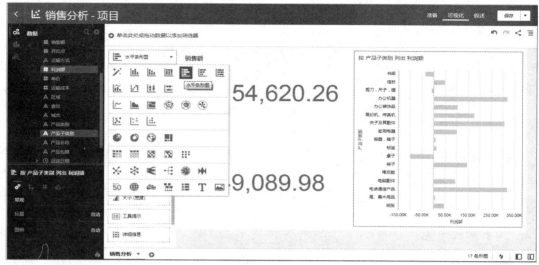

图 2-61　更改可视化类型

2.6.5　调整可视化属性

选中画布中的可视化图表，会显示该图表的"属性"面板，如图 2-62 所示。"属性"面板包含"常规""轴""值""分析"等选项设置卡。

在"属性"面板中可以更改可视化属性，如标题、图例、类型、轴值、轴标签、数据值及分析等。

图 2-62　"属性"窗格

📝 **范例 2-18**

修改画布右侧可视化图表标题为"各产品子类别的利润额"，显示数据标签，标签位置为"上"，数字格式为"货币"的"CNY/CN¥"格式，启用数值缩写。值轴刻度取值范围 –200 000 ～ 400 000，适当调整可视化图表宽度，以显示所有数据标签。

🔧 **操作步骤**

01 选中画布右侧的可视化图表，在"属性"面板"常规"选项卡中，右击后利用快捷菜单将标题设置更改为"定制"，随后在标题下方出现的编辑框中输入文本"各产品子类别的利润额"，如图 2-63 所示。

02 单击"属性"面板中的按钮，在"轴"选项卡中单击"值轴"，展开"值轴"设置选项。分别更改值轴刻度的"开始"和"结束"设置为定制，如图 2-64 所示，在随后出现的编辑框中输入具体数值。

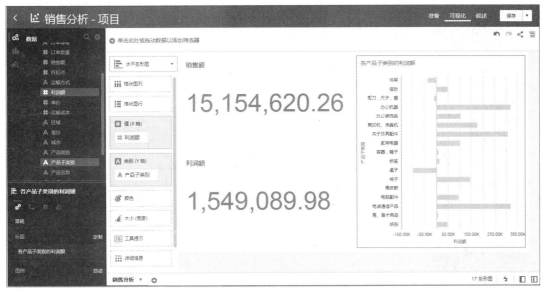

图 2-63　定制可视化图表标题

03 单击"属性"面板中的 ▦ 按钮，在"值"选项卡中，按图 2-65 所示设置利润额的数据标签显示方式和数字格式。

04 光标移至可视化图表交界处，当光标显示水平双向箭头图标时，按住鼠标左键向左拖曳增加右侧可视化图表的宽度，效果如图 2-66 所示。

图 2-64　值轴刻度设置

图 2-65　数字格式设置

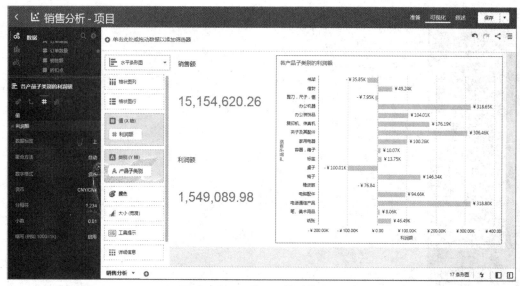

图 2-66　调整可视化图表宽度

2.6.6　颜色设置

在可视化设计中，可以合理使用颜色增加可视化效果，颜色的设置能让可视化更具吸引力、更充满活力和更具信息性。

在 Oracle AD 中，既可以为度量值（如销售额或单价）添加颜色设置，也可以为属性值（如订单等级或运输方式）添加颜色设置。可以采用直接将"数据"面板中的度量值或者属性值拖曳至"语法"面板中颜色区域进行颜色设置。

设置颜色时请注意：

• 当某个度量添加至颜色区域时，可以选择不同的度量范围类型（如单个颜色、两种颜色和三种颜色），并且指定高级度量范围选项（如反转、步骤数和中点）。

• 当某个属性添加至颜色区域中时，默认使用拉伸调色板。调色板包含设定数量的颜色（如12 种颜色），这些颜色在可视化中重复。拉伸调色板扩展了调色板中的颜色，这样每个值都有唯一的颜色明暗度。

• 如果颜色区域中有多个属性，则默认情况下使用分层调色板，但是可以选择改为使用拉伸调色板。分层调色板将颜色分配到相关值构成的组。例如：如果颜色区域中的属性为"产品"和"品牌"并且选择了"分层调色板"，则在可视化中，每个品牌有自己的颜色，在该颜色中，每个产品有自己的明暗度。

• 颜色设置作用于画布中的所有可视化图表。也就是说，如果在一个可视化图表中更改系列或数据点颜色，则此颜色设置将显示在其他可视化图表上。

 范例 2-19

设置"利润额"颜色，利润额大于 0，绿色显示；小于 0，红色显示。

微　课 ●········

范例2-19操
作演示

操作步骤

01 如图 2-67 所示，拖曳"利润额"字段到颜色区域。

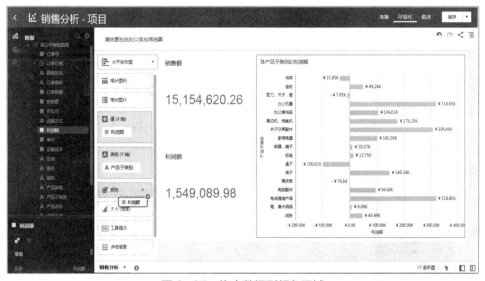

图 2-67　拖曳数据到颜色区域

02 在颜色区域右击，在弹出的快捷菜单中选择"管理分配"命令，随后弹出"管理颜色分配"对话框。将鼠标指针移至度量值"利润额"，单击 ✎ 编辑利润额的选项按钮，出现图 2-68 所示的"管理颜色分配"对话框。单击颜色条后面的 ▼ 预设项按钮，如图 2-69 所示，在出现的颜色列表中选择"红绿分色"。

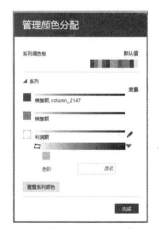

图 2-68　"管理颜色分配"对话框

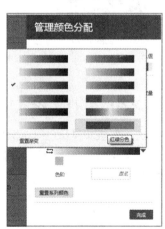

图 2-69　颜色选择

03 如图 2-70 所示，在"管理颜色分配"对话框中设置中心值为 0，色阶为 2（此颜色参数表示：利润额大于 0，绿色显示；利润额小于 0，红色显示）。颜色设置效果如图 2-71 所示。

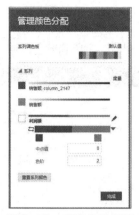

图 2-70　颜色参数设置

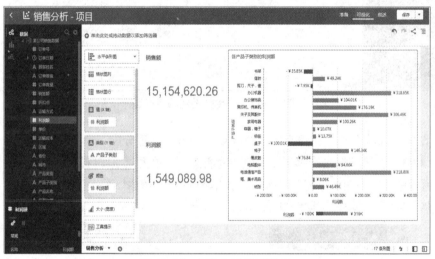

图 2-71　颜色更改设置效果

2.6.7　大小（宽度）设置

"语法"面板中"大小（宽度）"区域只允许添加度量值。可以通过"大小（宽度）"的设置向可视化图表额外添加度量数据信息。不同可视化图表在设置时显示效果有所区别，如在水平条形图中，大小表示水平条的高度，在散点图中，大小表示数据点的大小等。

 范例 2-20

向"各产品子类别的利润额"水平条形图增加"运输成本"数据，利用水平条的高度大小表示值的大小。图例右侧显示。

操作步骤

01 在"数据"面板中将"运输成本"（度量值）拖曳至"语法"面板中"大小（宽度）"区域。

02 选择可视化图表，在"属性"面板"常规"选项卡中修改图例显示位置为"右"。效果如图 2-72 所示。

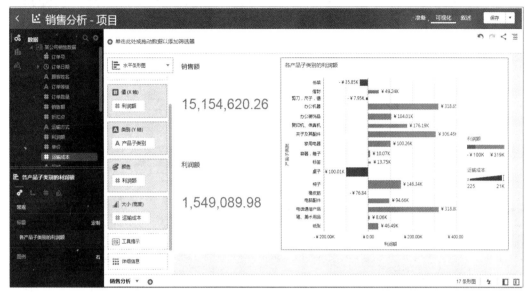

图 2-72　大小（宽度）设置

2.6.8　排序和筛选

1. 数据的排序

在分析数据时，为了对数据有一个初步了解，经常会先对数据进行一个排序，以查看数据数值范围以及是否存在异常值等情况。在 Oracle AD 中既可对度量数据进行升序、降序排序，也可以对属性数据进行排序，如对产品名称按从 A 到 Z 排序。

2. 数据的筛选

在 Oracle AD 中可以通过添加筛选器来自定义数据范围，以方便了解特定条件的数据。例如：筛选"订单等级"为"高级"的利润总额，或者订单日期为 2009 年的利润总额。

筛选器的设置方式不同，筛选条件的作用范围亦不同。

（1）拖曳字段（筛选条件字段）至可视化画布上方"单击此处或拖曳数据以添加筛选器"区域添加筛选器，此时筛选器作用范围为当前画布的所有可视化图表。

（2）拖曳字段（筛选条件字段）至"语法"面板中筛选器区域，此时筛选器作用范围为当前可视化图表。

范例 2-21

设置"各产品子类别的利润额"可视化图表中利润额降序排序，通过添加筛选器的方式查看 2009 年度利润额情况。

筛选条件作用范围为整个画布中的所有可视化图表。

微　课

范例2-21操作演示

操作步骤

01 利润额降序排序。选中可视化图表，在图表区域内右击，在弹出的快捷菜单中选择"排序"命令，在级联菜单中选择"产品子类别，按利润额由高到低"进行降序排序，如图 2-73 所示。或者通过单击"语法"面板"值（X 轴）"区域中的"利润额"，在弹出的菜单中选择"排序"—"由高到低"命令进行降序排序。

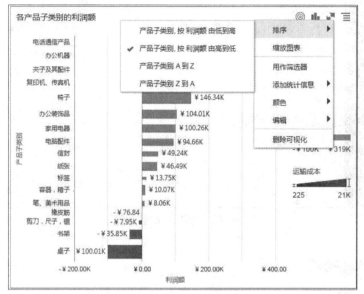

图 2-73　利润额降序排序

02 添加筛选器。将"数据"面板中的"订单日期"字段拖曳至画布上方"单击此处或拖曳数据以添加筛选器"区域，如图 2-74 所示。如图 2-75 所示设置订单日期开始时间为 2009/1/1，结束时间为 2009/12/31，数据显示效果如图 2-76 所示。

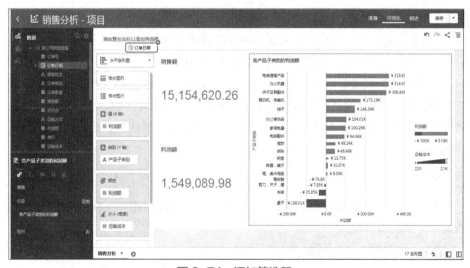

图 2-74　添加筛选器

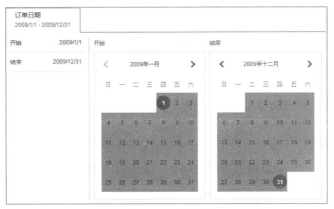

图 2-75　时间筛选

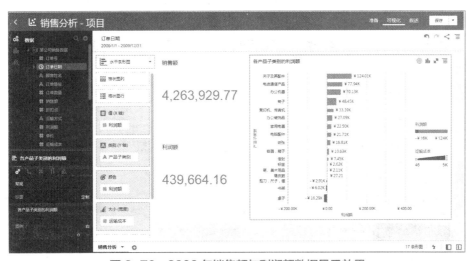

图 2-76　2009 年销售额与利润额数据显示效果

2.6.9　数据的钻探

数据元素之间存在层次结构，如项目数据集中存在"产品类别""产品子类别""产品名称"三级分层结构，用户可使用"属性名"直接钻探到可视化中的特定属性。如图 2-77 所示，可以通过"钻探到属性 / 层次"设置非常便捷地进行这三个数据元素之间的钻探。

2.6.10　用作筛选器

图 2-77　钻探到属性 / 层次

虽然在一个画布中可以同时观察分析多张可视化图表，从不同的角度去分析数据，但是也希望可以通过创建某种动作让这些图表相互关联。例如：当用户单击"各产品子类别的利润额"可视化图表中的"办公机器"时，"销售额"和"利润额"图表中也都只显示相应类别的数据。

在 Oracle AD 中，上述情况可以通过设置某可视化图表"用作筛选器"的功能来实现。

范例 2-22

在画布中，查看所有产品子类别利润额为负值的总销售额和总利润额。

操作步骤

01 删除筛选器。右击画布上方的"订单日期"筛选器，在弹出的快捷菜单中选择"删除"命令，删除筛选器。

02 选中"各产品子类别的利润额"可视化图表，在图表区域中右击，在弹出的快捷菜单中选择"用作筛选器"命令以设置当前可视化图表为源图表，其他可视化图标为目标图表。源图表标题前用 🔽 图标标识。

03 按住【Ctrl】键，在源图表中通过连续单击选择多个利润额为负值的数据（图中红色水平条），"销售额"和"利润额"图表中也只显示相应类别的数据，效果如图 2-78 所示。保存项目。

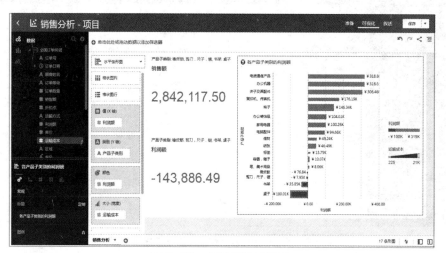

图 2-78　用作筛选器效果

2.6.11　导出画布

Oracle AD 提供了对象为当前可视化图表、当前画布或项目中所有画布的可视化效果导出。默认导出格式为 PowerPoint（pptx），也支持图像（png）、PDF、数据（csv）和程序包（.dva）等其他导出格式。

 范例 2-23

导出项目和可视化效果，保存至 D 盘。

（1）导出项目文件，包含数据源，设置数据源连接口令为 123。

（2）以 PDF 格式导出销售分析画布。

（3）以图片格式导出各产品子类别的利润额可视化图表，文件名为"各产品子类别的利润额 .png"。

操作步骤

01 导出项目。在"目录"界面中，右击"销售分析"项目，在弹出的快捷菜单中选择"导出"命令，弹出"导出"对话框。选择"文件"方式导出，在弹出的"文件"对话框中，移动滑块启用"包含数据"，移动滑块设置数据连接身份证明，两次输入口令 123，单击"保存"按钮，选择保存目录为 D 盘。

02 导出当前画布。如图 2-79 所示，单击"可视化"画布界面左上角"共享" 按钮，选择"文件"选项，弹出"文件"对话框，如图 2-80 所示，进行格式和导出对象设置。单击"保存"按钮，选择保存目录为 D 盘。

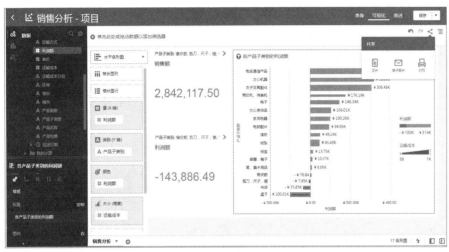

图 2-79 "共享"选项

03 导出可视化图表。在"可视化"画布界面中，选中"各产品子类别的利润额"可视化图表。参考步骤 2，在弹出的"文件"对话框中进行格式和导出对象设置，如见图 2-81 所示。单击"保存"按钮，选择保存目录为 D 盘。

图 2-80 导出当前画布　　　　图 2-81 导出当前可视化图表

此时 D 盘目录下包含 3 个文件，如图 2-82 所示。

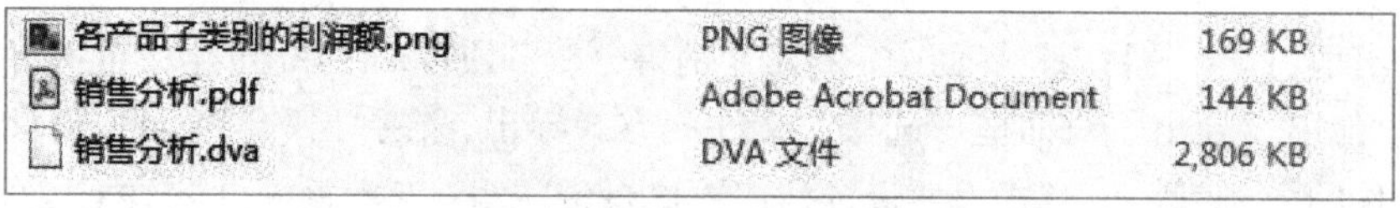

各产品子类别的利润额.png	PNG 图像	169 KB
销售分析.pdf	Adobe Acrobat Document	144 KB
销售分析.dva	DVA 文件	2,806 KB

图 2-82　导出文件的目录

为了让画布简洁、美观、更具交互性，在设置布局画布时应注意以下相关事项：

（1）一个画布中不宜摆放太多张可视化图表，用户可以根据数据分析的不同视角创建不同的画布。

（2）去掉不必要的图例，或者修改图例摆放位置，此举即可节省空间，也可让画布更加简洁。

（3）可视化图表轴上如包含刻度值，要注意刻度值格式和范围，建议将刻度值设置得更加精确。

第 3 章
数据图表制作

数据可视化借助于图形化的展示方式，能让用户迅速、清晰、有效地发掘隐藏在数据中的信息。数据不只是数字，还可以是文字、图片、视频、音频等。用户不仅可以用可视化来展示数字特征，还可以用来表达诸如人的情感等非数字特征信息。

一般情况下，将数据制作成图表需如下过程：

（1）制作图表前应首先对数据进行整理和分析。对数据进行有效整理，是为了得到有用的信息，为了方便地解读数据。

（2）选择适当的图表类型。

（3）适当地修饰图表，使它能更好地传递信息。

（4）结合图表分析数据，找到数据间的比例关系、变化趋势等，对研究对象做出合理的推断和预测。

常用图表类型有柱形图、条形图、折线图、面积图、饼图、环形图、雷达图、散点图、气泡图等，近年来比较流行的图表类型有词云图、地图等。

那么，如何制作出具有针对性和美观性的图表呢？这需要用户在充分理解数据的同时，针对不同的数据思考用什么样的图表来展示才更合适。

本章主要介绍如何利用 Oracle AD 绘制各种可视化类型图表。

Oracle AD 通过简单的设置和拖放动作就可以创建各种类型的可视化图表，可以绘制条形图、线形图、散点图、Pie（+treemap）、网格、网络以及其他几十种可视化图表类型。用户还可以通过单击图 3-1 所示的控制台中的"扩展"按钮来上载定制插件添加其他可视化效果。

下面以某公司的销售数据分析为例，在第 2 章节创建的"销售分析"项目中，具体介绍如何利用 Oracle AD 创建各种类型的可视化图表。

图 3-1　上载扩展

3.1　条形图

条形图是常用的一类图表，常用来分析每类数据"有多少"的问题。在 Oracle AD 中，条形图的 X 轴表示维度，Y 轴表示数值。条形图横置时称为水平条形图。通常使用条形图来展示多个分类的数据对比和同类别各系列之间的比较情况，如图 3-2 所示。

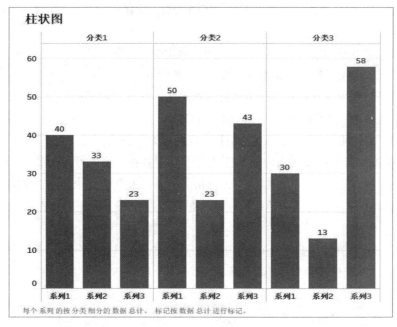

图 3-2　条形图

应用场景：适合数据对比，利用纵向矩形的高度来反映数据的数值差异，视觉效果更直观。比如，不同产品类别的销售量、按来源站点划分的网站流量等。

局限性：当维度分类较多，而且维度字段名称又较长时，选用水平条形图。

条形图可分为：堆叠条形图和 100% 堆叠条形图，如图 3-3 所示。

• 堆叠条形图：不仅可以显示不同类别数据对比，还可以显示同类别各系列数据组成。

• 100% 堆叠条形图：适合展示同类别各系列的数据比例构成。

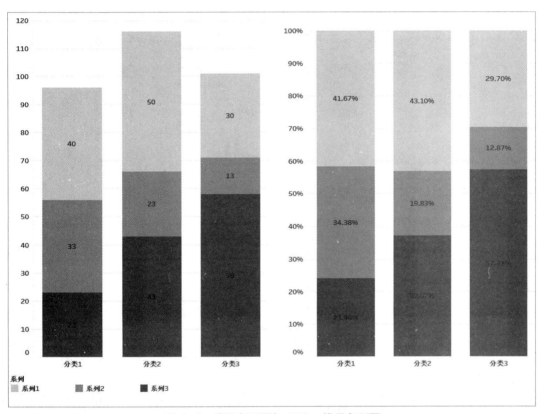

图 3-3　堆叠条形图与 100% 堆叠条形图

范例 3-1

在"销售分析"项目中，新建画布命名为"产品子类别的订单数量分析"，制作产品子类别的订单数量的条形图和堆叠条形图，画布左右布局，样张如图 3-4 所示。

（1）条形图：仅显示"产品包箱"为"巨型木箱"和"巨型纸箱"的订单数量，按产品类别的产品子类别显示，按订单数量的降序排列，更改可视化标题为"条形图"。

（2）堆叠条形图：制作产品类别中不同子类别的订单数量的堆叠条形图，更改可视化标题为"堆叠条形图"。

微　课

范例3-1操作演示

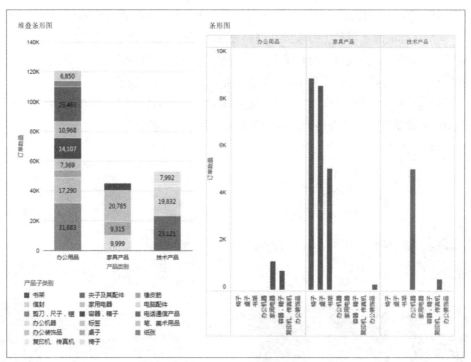

图 3-4　样张 – 条形图、堆叠条形图

⚙️ **操作步骤**

01 在"销售分析"项目中，新建画布，修改画布名称为"产品子类别的订单数量分析"。

02 如图 3-5 所示，按住【Ctrl】键，在"数据"面板中同时选中"产品子类别"和"订单数量"两个数据字段，拖曳至"可视化"画布编辑区域，Oracle AD 自动创建最佳可视化 – 条形图。

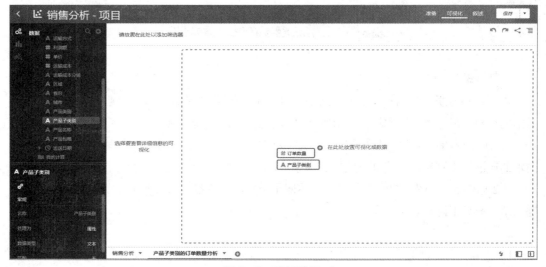

图 3-5　添加数据

03 添加"产品包箱"至"语法"面板筛选器区域，为当前可视化图表添加筛选器。如图 3-6 所示，显示筛选器，选择"产品包箱"为"巨型木箱"和"巨型纸箱"。

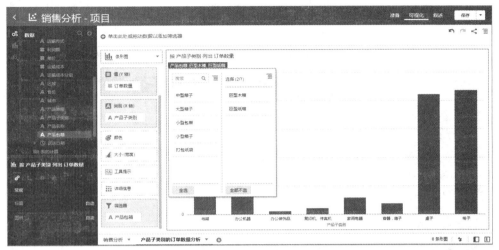

图 3-6　添加筛选器

04 在"数据"面板中，将"产品类别"字段拖曳至"语法"面板"格状图列"区域，此时数据按"产品类别"的"产品子类别"分类显示；如图 3-7 所示，在"语法"面板中，右击值（Y 轴）区域"订单数量"字段，在弹出的快捷菜单中选择"排序"→"由高到低"命令进行排序。

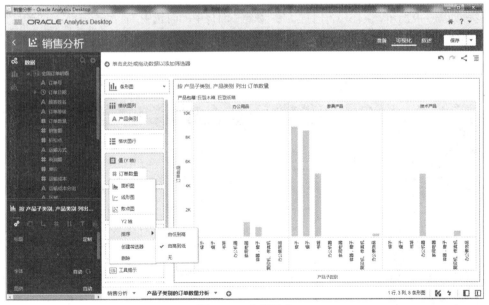

图 3-7　分类排序

◁》注意：
　　排序将会根据分类字段在每个类别中单独排序。

05 选中可视化图表，在"属性"面板中，在"常规"选项设置卡中修改可视化图表标题为"条形图"。在"轴"选项设置卡中更改"标签轴"的"标题"选项为"无"。右击"语法"面板筛选器区域中"产品包箱"字段，在弹出的快捷菜单中取消勾选"显示筛选器"，如图 3-8 所示。

图 3-8   筛选器显示设置

06 如图 3-9 所示，按住【Ctrl】键，在"数据"面板中同时选中"产品子类别"、"产品类别"和"订单数量"3 个数据字段拖曳至销售额条形图可视化图表左边界，当边界处出现蓝色加粗线条时释放鼠标。

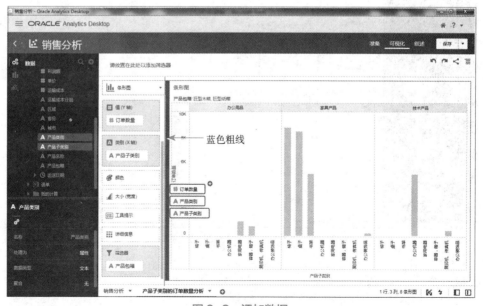

图 3-9   添加数据

07 如图 3-10 所示，在可视化工具栏中单击 ▮▮ 按钮，在展开的列表选项中选择"堆叠条形图"，更改可视化类型。如图 3-11 所示，选中可视化图表，在"属性"面板的"常规"选项设置卡中修改可视化图表标题为"堆叠条形图"。在"值"选项设置卡中更改"订单数量"的"数据标签"显示方式为"居中"。

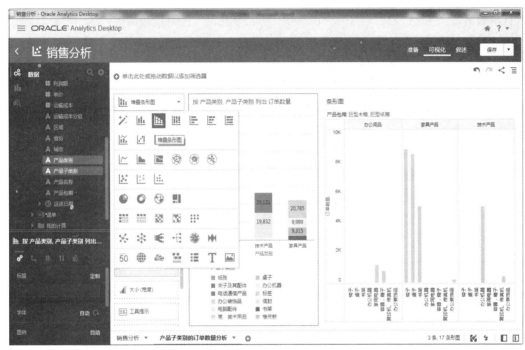

图 3-10　修改可视化类型－堆叠条形图

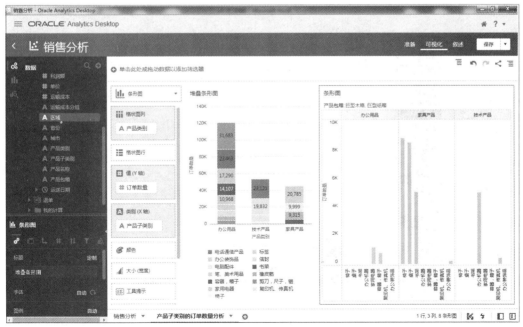

图 3-11　堆叠条形图

结论

（1）产品类别中的订单数量大小依次为"办公用品"、"技术产品"和"家具产品"，其中"办公用品"订单数量最大，且订单数量远大于"技术产品"和"家具产品"。

（2）"办公用品"中"纸张"的订单数最多，达 31 683，"技术产品"中"电话通信产品"的订单数最多，达 23 121，"家具产品"中"办公装饰品"的订单数最多，达 20 785。

（3）"产品包箱"为"巨型木箱"和"巨型纸箱"的订单数量较多的为"家具产品"中的"椅子"、"桌子"、"书架"和"技术产品"中的"办公机器"。

在 Oracle AD 中可以使用条形图来绘制数值数据分布的情况。第一步是将值的范围分段（数据分组处理），即将整个值的范围分成一系列间隔，然后计算每个间隔中有多少值。这些值通常被指定为连续的、不重叠的变量间隔。

间隔必须相邻，并且通常是（但不是必须的）相等的大小。

在 Oracle AD 中制作度量字段数值分布需注意：

（1）对度量字段进行收集器编辑（数据分组处理）。

（2）对度量字段进行计数方式聚合。

（3）添加数据（度量字段、收集器字段）绘制条形图。

范例 3-2

在"销售分析"项目中，新建画布命名为"运输成本分布"，制作运输成本分布图，图表标题为"运输成本分布"。样张如图 3-12 所示。

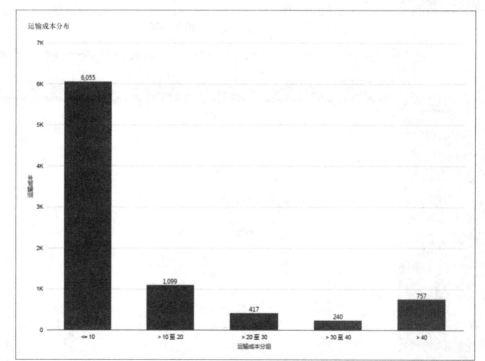

图 3-12　运输成本分布

操作步骤

01　在"销售分析"项目中，新建画布，修改画布名称为"运输成本分布"。

02　如图 3-13 所示，在项目的"准备"界面中，右击"运输成本"字段，在弹出的快捷菜单中，选择"收集器"选项，随后进行收集器编辑（度量字段的分组设置）。

图 3-13　数据转换选项

03　如图 3-14 所示，设置新元素名称为"运输成本分组"，收集器 5 个，按照图示进行数值范围划分，设置完成后单击"添加步骤"按钮。此时，数据中会增加一列"运输成本分组"。如图 3-15 所示，单击"应用脚本"按钮完成数据编辑。

图 3-14　收集器编辑

图 3-15　应用脚本

04　切换至"可视化"界面，在"数据"面板中选中"运输成本"字段，在"属性"面板中修改聚合为"计数"，如图 3-16 所示。

图 3-16　运输成本聚合—计数

注意:

通过"属性"面板修改字段聚合方式，其作用范围为整个项目中的所有画布，本例中将"运输成本"聚合方式更改成"计数"，在范例2-20中的该字段聚合方式也会由"总和"更改为"计数"。如果需要对一个字段进行不同的处理，可以结合函数通过"添加计算"完成，具体操作办法参看第4章内容。

05 在"数据"面板中依次双击"运输成本"和"运输成本分组"字段，依次将数据添加至画布。设置可视化类型为"条形图"。

06 在"属性"面板中的"常规"选项设置卡中修改可视化图表标题为"运输成本分布"。在"值"选项设置卡中更改"运输成本"的"数据标签"显示方式为"上"。当前可视化效果如图3-17所示。

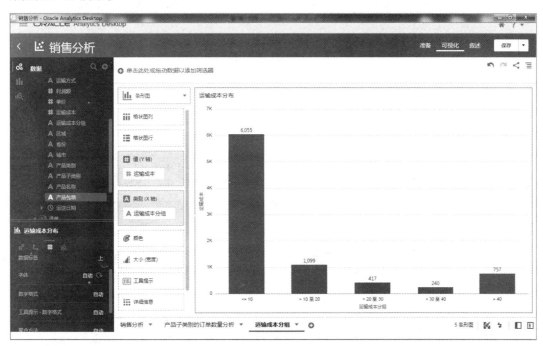

图 3-17　运输成本分布

结论

运输成本主要集中在小于等于10的区间，有6 055笔订单；其次为大于10小于等于20的区间，有1 099笔订单。

3.2　水平条形图

水平条形图是用条形的长短来表示数据多少的图形。水平条形图纵置时称为条形图。水平条形图的X轴表示数值，Y轴表示维度，如图3-18所示。当维度字段名称较长时，更适合用水平条形图展示数据，可调整水平空白位置以标示每个类别的名称。

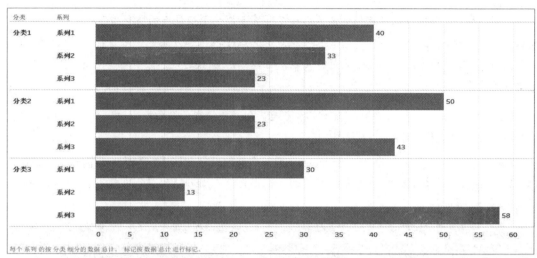

图 3-18　水平条形图

水平条形图包括水平堆叠、水平 100% 堆叠条形图等图表子类别，如图 3-19 所示。水平堆叠、水平 100% 堆叠条形图应用场景与水平条形图类似。

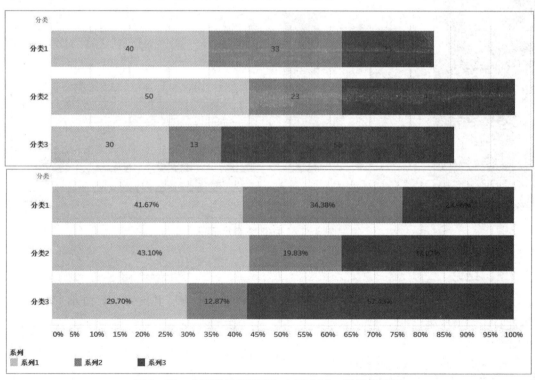

图 3-19　水平堆叠条形图与水平 100% 堆叠条形图

3.3　线形图

线形图是常用的一种图表，通常用来显示数据随时间（如年、月、季度等时间间隔单位）而变化的趋势。根据数据是连续还是离散，做出的图可以是曲线或折线。

应用场景：通常用来显示在相等时间间隔下或有序类别的数据变化规律和趋势。如按季度统计收入增长情况、一年中的股价变化、客服满意度调查等。

局限性：无序的类别无法展示数据特点。

图 3-20 所示为某市 2018 年每月降雨量的线形图，数据中含有时间维度。图中展示了雨量的变化。

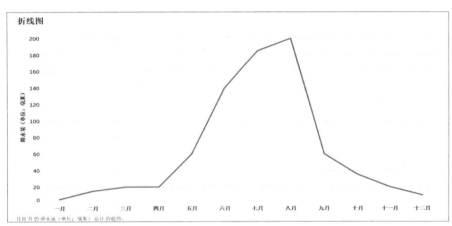

图 3-20　线形图（含时间维度）

图 3-21 所示为某市 300 份住房满意度问卷调查情况统计线形图，数据中含有序类别（顺序数据）。绘制含有序类别的折线图可以将有序类别先排序，如图 3-21 中的满意度等级，沿着横坐标依次为"非常不满意""不满意""一般""满意""非常满意"。从图中可以看出不同满意度的分布情况。

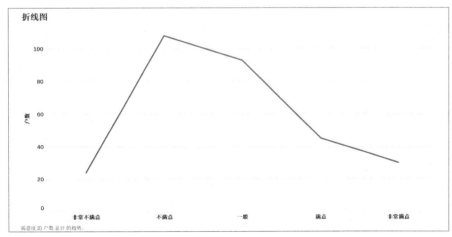

图 3-21　线形图（含有序类别）

范例 3-3

新建画布命名为"线形图"，制作每月每个"产品类别"的"利润额"总和的图表。样张如图 3-22 所示。

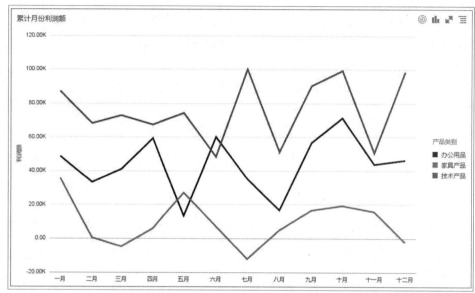

图 3-22　样张 - 线形图

（1）设置可视化标题为"累计月份利润额"。

（2）设置图例在右侧显示，X 轴标题不显示。

（3）更改调色板颜色为"光谱"，按照样张所示进行产品类别颜色设置。

注意:

月份需根据"订单日期"的粒度级别来调整日期或时间列的显示格式。

操作步骤

01 在"销售分析"项目中，新建画布，修改画布名称为"线形图"。

02 分析题意，可视化所需数据字段包含"订单日期""产品类别""利润额"。如图 3-23 所示，按住【Ctrl】键，在"数据"面板中同时选中以上 3 个数据字段，拖曳至"可视化"画布编辑区域。因包含"订单日期"（日期格式字段），Oracle AD 自动创建最佳可视化 - 线形图，效果如图 3-24 所示，值（Y 轴）为"利润额"，类别（X 轴）为"订单日期"，"产品类别"分颜色显示。

03 如图 3-24 所示的可视化图表中，X 轴日期需要更改粒度级别。右击"语法"面板中的 X 轴"订单日期"字段，在弹出的快捷菜单中选择"显示方式"命令，出现如图 3-25 所示的菜单，诸如年、季度、月、第几季度、第几月等选项（其中"年""季度""月""周""日"指按自然周期年、季度、月、日进行数据统计，"第几季度""第几月""一年中的第几周""一年中的第几天""一月中的第几天""工作日"指按累计周期季度、月、周、天等进行数据统计。）

本例中选择"第几月"按累计月份统计利润额总和。

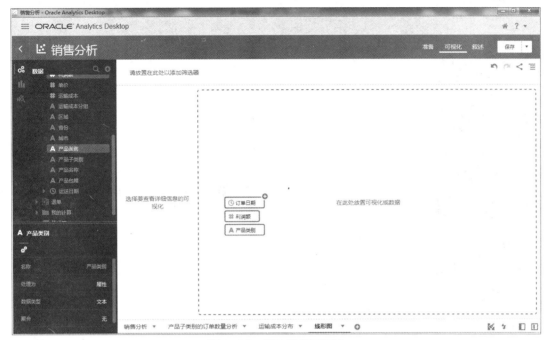

图 3-23　添加数据至画布

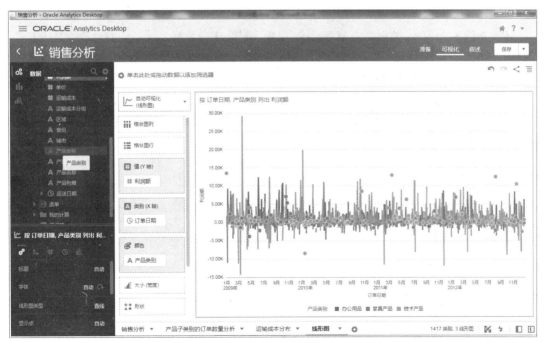

图 3-24　自动创建最佳可视化 – 线形图

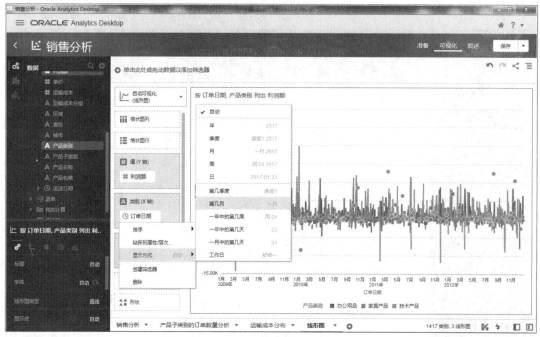

图 3-25 日期显示方式设置

04 在"属性"面板的"常规"选项设置卡中修改可视化图表标题为"累计月份利润额"，图例显示在右侧。在"轴"选项设置卡中修改"标签轴"的"标题"选项为"无"。

05 如图3-26所示，线形图类型有直线、曲线、阶梯、中心阶梯、分段、中心分段等显示方式。用户可以根据数据类型及需求在"常规"选项设置卡中修改线形图类型。

图 3-26 线形图类型

06 在"语法"面板中右击颜色区域，在弹出的快捷菜单中选择"管理分配"，随后弹出"管理颜色分配"对话框，如图 3-27 和图 3-28 所示，选择"光谱"调色板，单击"系列"中各产品类别设置系列颜色："办公用品"颜色为蓝色（#160fad），"家具产品"颜色为橙色（f69000），"技术产品"颜色为红色（#f30900）。

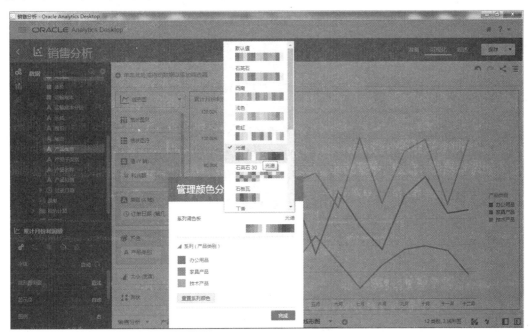

图 3-27 系列调色板

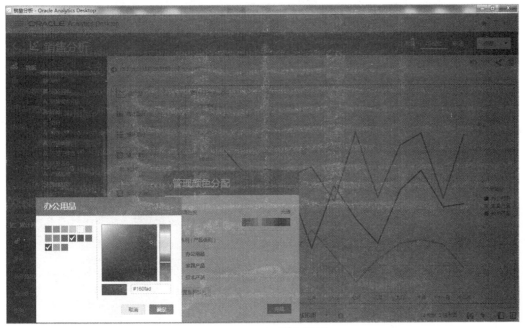

图 3-28 系列颜色设置

结论

（1）"技术产品"在七月、九月、十月、十二月的利润额总和相对较高，六月、八月、十一月相对较低；

（2）"办公产品"在四月、六月、九月、十月的利润额总和相对较高，五月、八月相对较低；

（3）"家具产品"在一月、五月的利润额总和相对较高，但三月、七月、十二月利润额总和小于零，是负值。

3.4　面积图

面积图又称区域图，不仅可用于显示数量随时间而变化的程度，还可以显示对总值趋势的关注。例如：表示随时间而变化的利润的数据可以绘制成面积图以强调利润总和。

面积图具有图表子类别百分比堆积面积图，可以用于显示部分与整体的关系。

百分比堆积面积图：显示每个数值所占百分比随时间或类别变化的趋势线。

面积图和线形图相似。如果数据集之间存在汇总关系，或者需要显示部分与总体的关系时，选择使用面积图，其他可选用线形图。

范例 3-4

修改"线形图"画布名称为"产品类别利润额（月份）"，并在画布的下方制作每月每个"产品类别"的"利润额"总和的图表。样张如图 3-29 所示。

微　课

范例3-4操作
演示

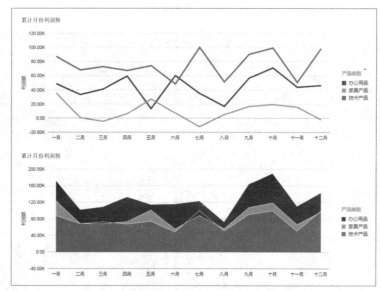

图 3-29　样张 - 产品类别利润额（月份）

操作步骤

01 打开"销售分析"项目中的"线形图"画布，修改画布名称为"产品类别利润额（月份）"。

02　如图 3-30 所示，右击"累计月份利润额"可视化图表区域，在弹出的快捷菜单中选择"编辑"命令，在随后出现的子菜单中选择"重复可视化"命令复制一个"累计月份利润额"可视化图表。

图 3-30　复制可视化

03　如图 3-31 所示，选中画布下方的可视化图表，在可视化工具栏中单击 **⬛** 按钮，在展开的列表选项中选择"面积图"更改可视化类型，效果如图 3-32 所示。

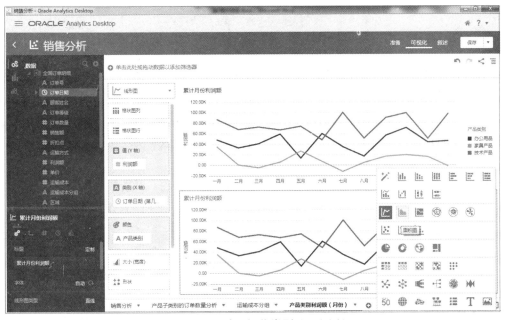

图 3-31　更改可视化类型（面积图）

图 3-32　画布效果

结论

（1）画布下方的面积图显示了各产品类别不同月份的利润额总和（历史同期–月份）变化。

（2）"技术产品"总利润额最大（红色面积），其次为"办公用品"（蓝色面积），最后是"家具产品"（橙色面积）。

3.5 饼图

饼图主要用于显示一个数据系列中各类别数据的大小与总和的比例关系。扇形表示数据占比大小，面积越大占比越大。

应用场景：用来显示一个数据系列中各类别的相对占比（或百分比），图中标注各类别百分比数值，对于研究结构性问题十分有用。比如，一个班级中男女比例、不同部分的支出预算等。

局限性：数据中各类别的数值没有负值或零值。虽然饼图对类别数目无限制，但在实际应用中，通常限制在六个或以下，如果需要表达六个及以上的类别，建议使用其他图表类型。

范例 3-5

新建画布命名为"各产品类别订单数量占比"，制作按自然年显示每个"产品类别"的"订单数量"的百分比的图表。样张如图 3-33 所示。

（1）可视化标题为"各产品类别订单数量占比"。

（2）显示订单数量的数据标签为百分比，图例显示顶部。

● 微　课

范例3-5操作
演示

（3）添加产品类别颜色设置。

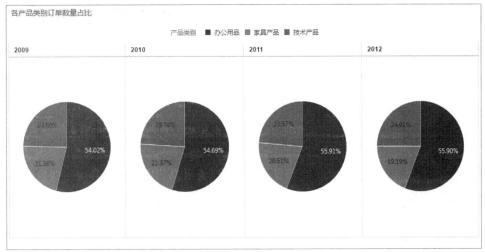

图 3-33　样张 - 饼图

操作步骤

01 在"销售分析"项目中，新建画布，修改画布名称为"各产品类别订单数量占比"。

02 分析题意，可视化所需数据字段包含"产品类别"和"订单数量"。按住【Ctrl】键，在"数据"面板中同时选中以上数据字段，拖曳至"可视化"画布编辑区域。如图 3-34 所示，Oracle AD 自动创建最佳可视化 - 条形图，在可视化工具栏中单击 按钮，在展开的列表选项中选择"饼图"更改可视化类型，效果如图 3-35 所示。

图 3-34　更改可视化类型（饼图）

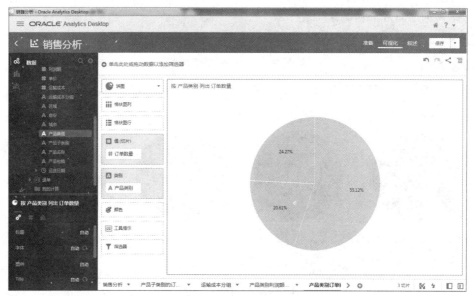

图 3-35　饼图

03 在"属性"面板的"常规"选项设置卡中修改可视化图表标题为"各产品类别订单数量占比",图例显示为"顶部"。如图 3-36 所示,在"值"选项设置卡中右击数据标签,在弹出的快捷菜单中勾选"百分比"复选框。

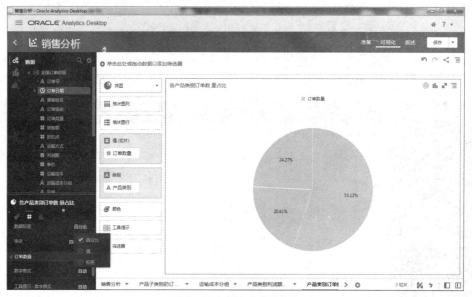

图 3-36　数据标签设置

04 将"数据"面板中"产品类别"字段拖曳至"语法"面板颜色区域。

注意:

在范例 3-3 中已进行过产品类别颜色设置,因此所有画布中产品类别均采用以上设置。

05 分析题意，需要制作按自然年显示的订单数量占比。如图 3-37 所示，此处可以采用添加"订单日期"字段到"语法"面板的格状图列区域进行编辑的方式。具体步骤：

① 将"数据"面板中"订单日期"字段拖曳至"语法"面板的格状图列区域。

② 修改"订单日期"显示方式为"年"。

图 3-37　格状图列设置

要注意的是，在范例 3-5 中，也可以通过在"属性"面板"值"选项设置卡中设置"显示总计"为"启用"，可视化类型会由原来的饼图切换至"环形"，如图 3-38 所示。用户也可以通过单击可视化工具栏中的 按钮或者在"语法"面板中的可视化下拉列表选择"环形"可视化效果。

环形图与饼图类似，从外观上看环形图中间有一个"空洞"，用于显示数据总计。

图 3-38　环形 - 显示总计

结论

（1）2009年、2010年、2011年、2012年四年的订单数量总和分别为55k、55k、52k、56k。其中2011年最低，2012年最高。

（2）2009年至2012年，每年的产品类别订单数量组成相似，"办公用品"订单数量占比最大，占了总数的一半以上，其次为"技术产品"和"家具产品"。

3.6　旭日图

饼图只能展示一层数据的比例关系，无法实现多层结构的数据占比分析。旭日图相当于多个饼图的组合，不仅可以非常轻松地实现多层结构数据的各类别数据的大小与总和的比例关系，还能展示数据层次之间的关系。

在旭日图中，一个圆环表示一个层级的数据，圆环中的各段代表该数据在该层级的占比。最内层圆环的数据层级最高，越往外，层级越低，且分类越细。

微　课

范例3-6操作
演示

范例 3-6

在"各产品类别订单数量占比"画布上方增加一个可视化图表，制作显示每个"产品类别"的"产品子类别"的"订单数量"的百分比的图表，图表标题为"订单数量占比－多层结构"。样张如图3-39所示。

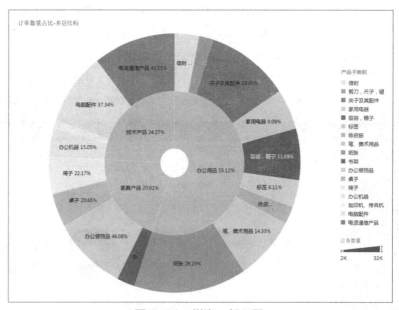

图3-39　样张－旭日图

操作步骤

01　在"产品类别订单数量占比"画布上方添加一个可视化图表。分析题意，可视化图表所需数据字段包含"产品类别"、"产品子类别"和"订单数量"。按住【Ctrl】键，在"数据"面板中同时选中以上数据字段，拖曳至画布中"各产品类别订单数量占比"上边界，当边界出现蓝色加粗线条时释放鼠标。

02 单击可视化工具栏中的 ▮▮ 按钮，在展开的列表选项中选择"旭日图"更改可视化类型，效果如图 3-40 所示。

图 3-40 更改可视化类型（旭日图）

03 在"属性"面板"常规"选项设置卡中修改图表标题为"订单数量占比 - 多层结构"。如图 3-41 所示，"值"选项设置卡中设置数据标签显示"百分比，标签"，组百分比"启用"（注：本例中组百分比"禁用"指各产品子类别占订单总数的百分比，组百分比"启用"指各产品子类别订单数量按产品类别为整体显示百分比），如图 3-42 所示，"技术产品"占订单数量总量的 24.27%，其中"技术产品"下的产品子类别"电话通信产品"占技术产品类别的 43.53%，产品子类别"电脑配件"占技术产品类别的 37.34%，产品子类别"办公机器"占技术产品类别的 15.05%，产品子类别"复印机、传真机"占技术产品类别的 4.09%。

图 3-41 "值"选项设置

图 3-42　订单数量占比 - 多层结构

04 如图 3-43 所示，调整画布布局，修改"各产品类别订单数量占比"可视化图表图例右侧显示。

图 3-43　产品类别订单数量占比 - 画布

3.7　树状图

树状图又称矩形式树状结构图（Treemap），可以用于实现层次结构的可视化图表。它能直观地以面积表示数值，以颜色表示类别。

应用场景：适合用于展示数据的层次结构及各类别数据的占比情况。

局限性：当分类占比太小会变得很难排布，矩形树图的树状数据结构表达得不够直观、明确。

 范例 3-7

在"各产品类别订单数量占比"画布右上方再添加一个可视化图表。制作每个"产品子类别"的"订单数量"的树状图，样张如图 3-44 所示。

（1）修改可视化标题为"各产品子类别的订单数量"。

（2）图例不显示，数据标签显示"百分比"。

（3）添加产品子类别颜色设置，拉伸调色板，系列调色板为默认值。

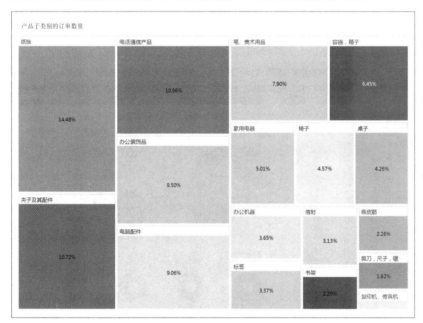

图 3-44　样张 - 树状图

 操作步骤

01 在"产品类别订单数量占比"画布右上方添加一个可视化图表。按住【Ctrl】键，在"数据"面板中同时选中"产品子类别"和"订单数量"两个数据字段，拖曳至画布中"订单数量占比 - 多层结构"右边界，当边界出现蓝色加粗线条时释放鼠标。

02 在可视化工具栏中单击 按钮，在展开的列表选项中选择"树状图"更改可视化类型，效果如图 3-45 所示。

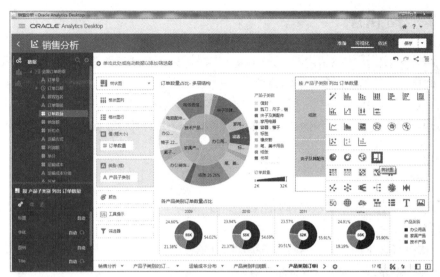

图 3-45　更改数据可视化（树状图）

03　添加"产品子类别"到"语法"面板颜色区域。在"属性"面板的"常规"选项设置卡中修改标题为"各产品子类别的订单数量"，图例显示无。在"值"选项设置卡中更改"数据标签"显示方式为"百分比"，效果如图 3-46 所示。

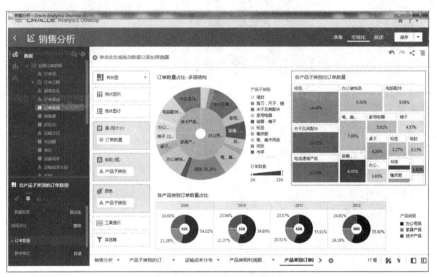

图 3-46　可视化设置

3.8　雷达线

雷达线是以从同一点开始的轴上表示的三个或更多个定量变量的二维图表的形式显示多变量数据的图形方法。轴的相对位置和角度通常是无信息的。雷达线是显示多个变量的常用图示方法，又称雷达图、蜘蛛图、星图、不规则多边形、极坐标图或 Kiviat 图等。它相当于平行坐标图，轴径向排列。

应用场景：在显示或对比各变量的数值总和时十分有效。适合展示同类别的不同属性的综合情况，也可以比较不同类别的相同属性差异。此外，还可以研究不同类别之间的相似程度。

局限性：分类过多或变量过多会导致数据展示过于混乱。

图 3-47 所示为 2003 年我国城乡居民家庭人均消费支出构成的雷达线，从图中可以得到以下几点结论：

（1）城市居民、农村居民食品支出比重最大，杂项商品与服务比重最小。

（2）除了食品和居住支出外，城市居民的支出比重都高于农村。

（3）城镇与农村居民支出在结构上有很大相似性。

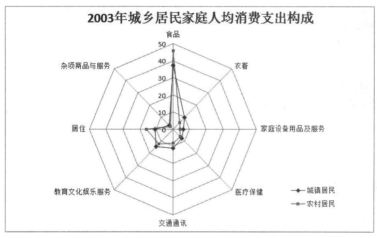

图 3-47　雷达线

📝 **范例 3-8**

新建画布命名为"利润额与销售额"，制作产品子类别的销售额和利润额雷达线，修改可视化标题"销售额与利润额"。样张如图 3-48 所示。

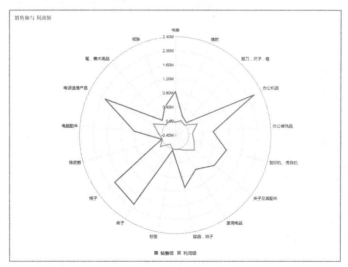

图 3-48　样张 - 雷达线

微 课

范例3-8操作
演示

操作步骤

01 在"销售分析"项目中新建画布，修改画布名称为"利润额与销售额"；

02 在"数据"面板中，通过双击依次将可视化所需的"产品子类别""利润额""销售额"字段添加至"可视化"画布编辑区域，Oracle AD 自动创建最佳可视化 – 散点图，单击可视化工具栏中的 📊 按钮，在展开的列表选项中选择"雷达线"更改可视化类型，效果如图 3-49 所示。

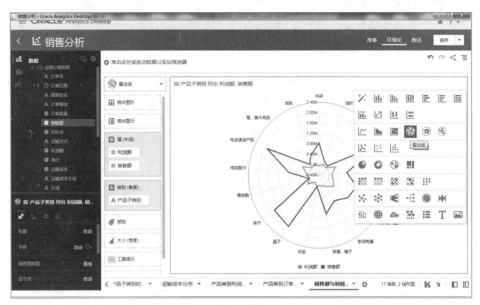

图 3-49 更改可视化类型（雷达线）

03 在"属性"面板的"常规"选项设置卡中修改可视化图表标题为"销售额与利润额"，效果如图 3-50 所示。

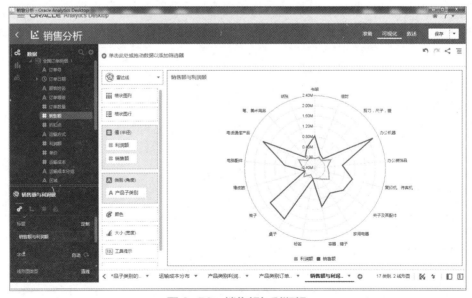

图 3-50 销售额与利润额

结论

（1）各产品子类别的销售额与利润额在结构上不相似。

（2）产品子类别中"书架"、"桌子"、"剪刀、尺子、锯"和"橡皮筋"利润额为负值，但"书架"和"桌子"的销售额相对较高。

3.9　网格热图

网格热图是将数据以特殊高亮的形式表示，可以将纷繁的数据交叉表转变为生动、直观的可视图。

应用场景：适合用于区分和对比两组或多组分类数据。

局限性：虽然通过颜色可以非常容易了解到数据的整体对比情况，但无法显示数据中某些信息如最大、最小值等。

 范例 3-9

在"利润额与销售额"画布右侧再添加一个可视化图表，制作各"省份"每个"月份"的"利润额"总和的网格热图，标题为"各省利润额（月份）"，设置每月利润额大于 10 000 的为红色，否则为蓝色。样张如图 3-51 所示。

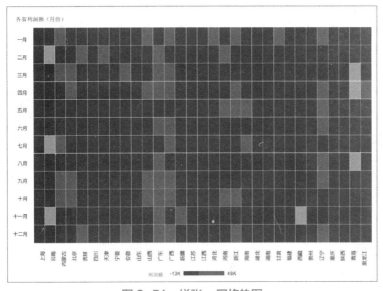

微　课

范例3-9操作
演示

图 3-51　样张 - 网格热图

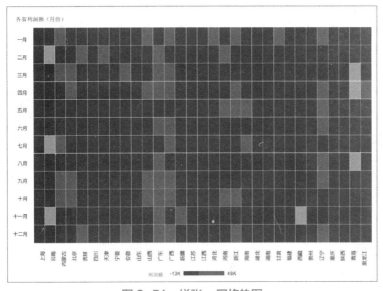 **操作步骤**

01 在"利润额与销售额"画布右侧再添加一个可视化图表。分析题意，按住【Ctrl】键，在"数据"面板中同时选中"订单日期"、"利润额"和"省份"三个数据字段，拖曳至"利润额与销售额"可视化图表的右边界，当边界出现蓝色加粗线条时释放鼠标。Oracle AD 自动创建最佳可视化 - 线形图。

02 右击"语法"面板中的X轴"订单日期"字段,在弹出的快捷菜单中选择"显示方式"为"第几月",如图3-52所示。

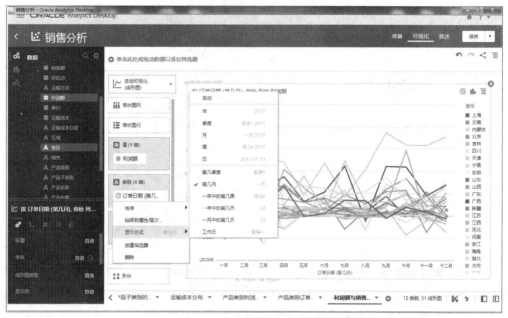

图 3-52　添加数据、修改日期显示方式

03 在可视化工具栏中单击 按钮,在展开的列表选项中选择"网格热图"更改可视化类型,如图3-53所示。调整"语法"面板各区域字段,也可单击可视化工具栏中"显示分配" 按钮进行调整,如图3-54所示。

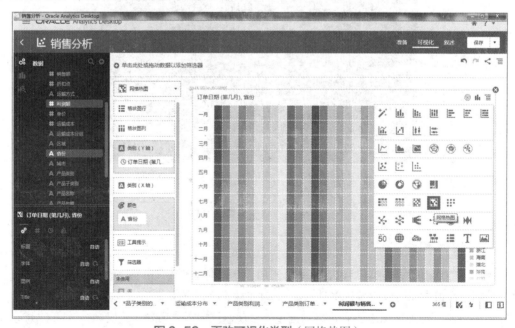

图 3-53　更改可视化类型(网格热图)

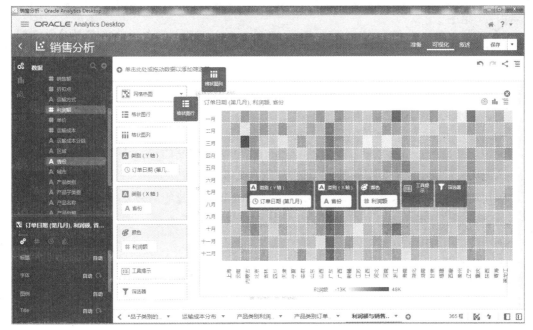

图 3-54 可视化设置

04 在"属性"面板的"常规"选项设置卡中修改可视化图表标题为"各省利润额(月份)"。右击"语法"面板颜色区域,在弹出的快捷菜单中选择"管理颜色"命令,在弹出的"管理颜色分配"对话框中按照图 3-55 所示的参数设置"利润额"颜色显示,可在红绿分色基础上定制蓝红分色,中间值为 10 000,色阶为 2。

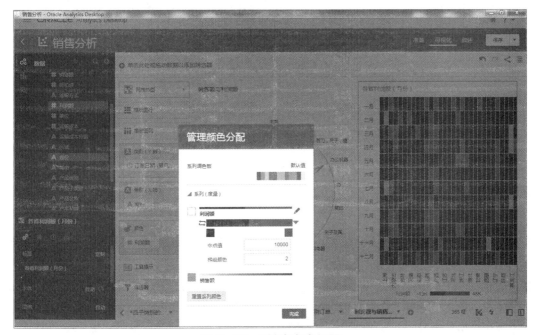

图 3-55 利润额颜色设置

结论

广东省、广西壮族自治区、辽宁省三个省区的月利润额累计总和超过 10 000 的月份的相对较多。

3.10　标记云

标记云又称词云图或文字云，主要用于突出显示频率较高的"关键词"文本信息，一个词显示越大表示它出现的频率越高，词云图一般与文本挖掘结合使用。

应用场景：在大量文本中提取关键词。词云图可过滤大量的低频文本信息，找出文本的关键信息。

局限性：不适用于数据太少或数据区分度不大的文本。

词云图也可以用于展示数字特征，如通过产品类别的名称的大小来表示这些产品的利润额大小等。

范例 3-10

在"利润额与销售额"画布下方再增加一个可视化图表，制作每个"产品子类别"的"利润额"总和的图表。样张如图 3-56 所示。

（1）可视化图表无标题，不显示图例。

（2）添加颜色设置"产品子类别"。

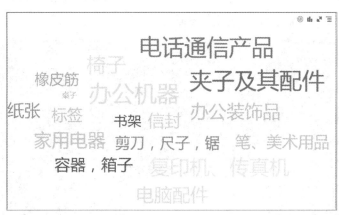

图 3-56　标记云

操作步骤

01 在"利润额与销售额"画布下方添加一个可视化图表。分析题意，可视化图表所需数据字段包含"产品子类别"和"利润额"，按住【Ctrl】键，在"数据"面板中同时选中以上数据字段，拖曳至画布下边界，当边界出现蓝色加粗线条时释放鼠标，Oracle AD 自动创建最佳可视化 - 条形图。

02 单击可视化工具栏中的 ▋▋ 按钮，在展开的列表选项中选择"标记云"更改可视化类型，效果如图 3-57 所示。

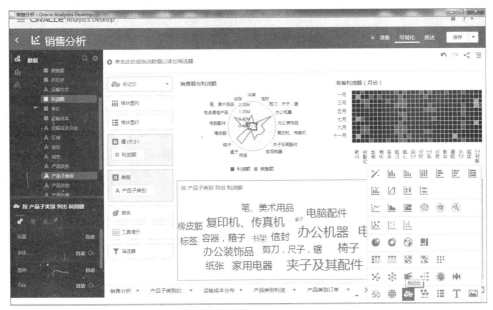

图 3-57 更改可视化类型（标记云）

03 在"属性"面板的"常规"选项设置卡中修改可视化图表标题为"无"，图例显示为"无"。

04 将"数据"面板中"产品子类别"字段拖至"语法"面板颜色区域，颜色采用默认设置。效果如图 3-58 所示。

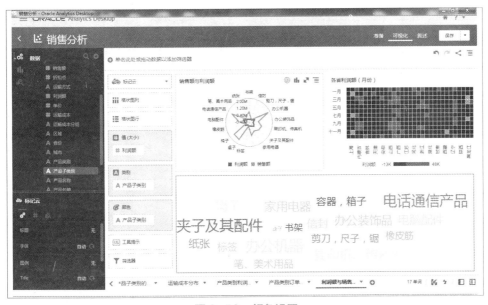

图 3-58 颜色设置

🔍 **结论**

产品子类别中利润额总额较大的有"夹子及其配件"、"电话通信产品"和"办公机器"，利润额总额较少的有"桌子"、"书架"、"橡皮筋"和"剪刀、尺子、锯"。

3.11 散点图

散点图又称 X–Y 图，散点图用两组定量数据构成多个坐标点，考察坐标点的分布，判断两个变量之间是否存在某种关联或总结坐标点的分布模式。散点图将序列显示为一组点。值由点在图表中的位置表示。类别由图表中的不同标记表示。散点图通常用于比较跨类别的聚合数据。

应用场景：在不考虑时间的情况下比较大量数据点时，使用散点图。散点图中包含的数据越多，比较的效果就越好。

局限性：数据量少，无法准确判断变量之间的关系。

散点图是描述两个变量之间关系的一种直观方法，从中可以大体上看出变量之间的关系形态。图 3–59 ～图 3–61 所示的三个散点图分别表示不相关、负相关、正相关。

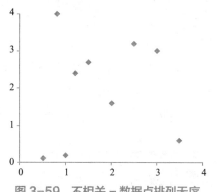

图 3–59　不相关 – 数据点排列无序

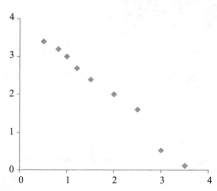

图 3–60　负相关 – 数据点以右下的趋势下降

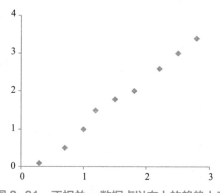

图 3–61　正相关 – 数据点以右上的趋势上升

图 3–62 所示为某学校 50 个高中部学生身高、体重数据的散点图，从图中可以看出身高和体重大致呈正相关。

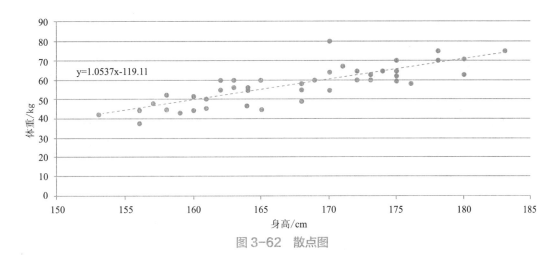

图 3-62 散点图

📝 **范例 3-11**

在"利润额与销售额"画布右下方再增加一个可视化图表，制作每个"产品子类别"的"销售额"总和和"利润额"总和的散点图，并添加趋势线。可视化图表标题为"销售额与利润额"，添加颜色设置"产品类别"。样张如图 3-63 所示。

微 课

范例 3-11 操
作演示

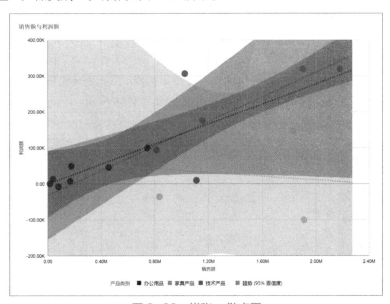

图 3-63 样张 - 散点图

😊 **操作步骤**

01 在"利润额与销售额"画布右下方添加一个可视化图表。分析题意，可视化图表所需数据字段包含"产品子类别"、"利润额"和"销售额"，按住【Ctrl】键，在"数据"面板中同时选中以上数据字段，拖曳至画布中标记云可视化图表右边界，当边界出现蓝色加粗线条时释放鼠标，Oracle AD 自动创建最佳可视化 – 散点图，如图 3-64 所示。

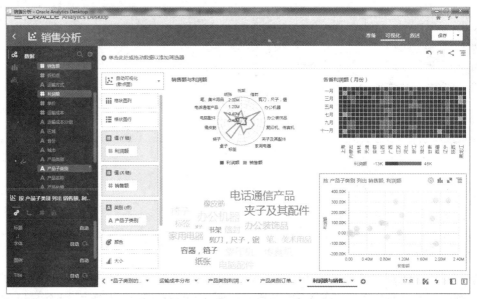

图 3-64   自动创建最佳可视化 – 散点图

02 在"属性"面板的"常规"选项设置卡中修改标题为"利润额与销售额"。将"数据"面板中"产品类别"字段拖曳至"语法"面板颜色区域，颜色设置沿用了范例 3-3 中的关于产品类别的颜色设置，"办公用品"为蓝色，"家具产品"为橙色，"技术产品"为红色。

03 右击画布区域任意位置，在弹出的快捷菜单中选择"添加统计信息"→"趋势线"命令，如图 3-65 所示。画布会按照产品类别显示趋势线，如图 3-66 所示。

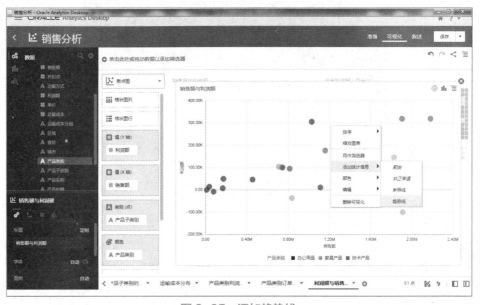

图 3-65   添加趋势线

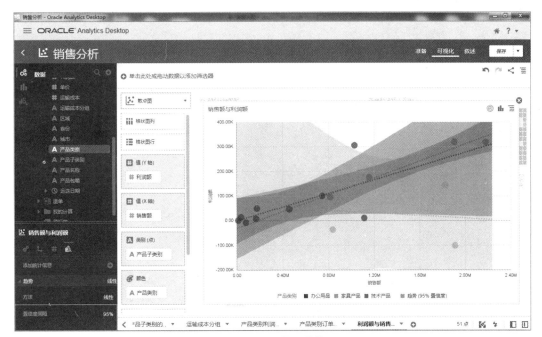

图 3-66 显示趋势

注意：

如图 3-66 所示，虚线为趋势线，置信度间隔 95%，可视化图表中颜色区域表示置信区间。本例中，如果技术产品的销售额为 1.2M，其利润额有 95% 的可能落在颜色为红色的区域对应的 Y 轴上的取值区间。

通常，可以在散点图的基础上，以二维图表的方式绘制包含三个变量的可视化图表（气泡图），其中一个变量用 X 轴表现，另一个变量用 Y 轴表现，第三个变量则利用数据点的面积大小来表示。在 Oracle AD 中，可以通过向散点图添加一个度量字段（变量）到"语法"面板的"大小"区域来实现。

范例 3-12

在"利润额与销售额"画布右下方再增加一个可视化图表，用于展示销售额、利润额和单价的关系，用散点图中的数据点面积大小表示单价。样张如图 3-67 所示。

操作步骤

01 在"利润额与销售额"画布中，右击"销售额与利润额"可视化图表区域，在弹出的快捷菜单中选择"编辑"选项，在随后出现的子菜单中单击"重复可视化"复制一个"利润额与销售额"可视化图表。

02 选中画布右下角的"利润额与销售额"可视化图表，在"属性"面板中的"常规"选项设置卡中修改"图例"显示为"无"。如图 3-68 所示，在"属性"面板中的"分析"选项设置卡单击"趋势"后面的 ✖ 按钮删除趋势。

微 课

范例 3-12 操作演示

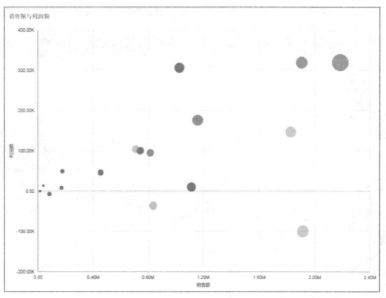

图 3-67　样张 - 气泡图

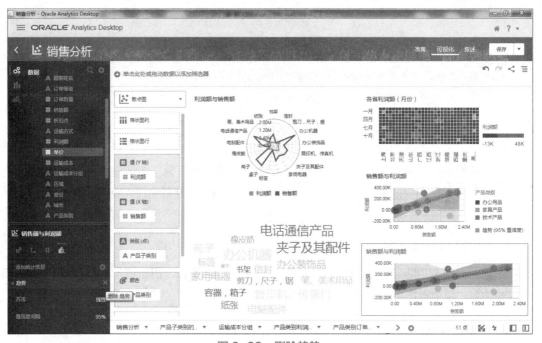

图 3-68　删除趋势

03　如图 3-69 所示，在"数据"面板中选中"单价"数据字段拖曳至"语法"面板中的"大小"区域，效果如图 3-70 所示。

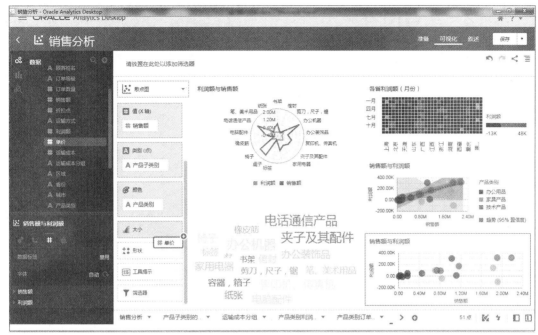

图 3-69　添加单价至"大小"区域

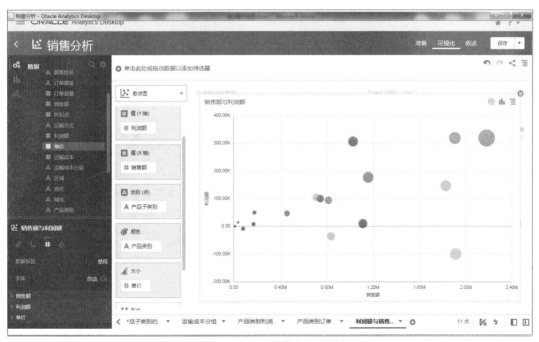

图 3-70　利润额、销售额、单价的关系

 结论

除去利润额负值的一些异常值，利润额、销售额、单价大致呈正相关的关系。

3.12 组合图表

在实际的数据可视化中，往往不是孤立地用一个图表类型，而是会把多个图表组合起来，这样能交叉对比出更多的信息。例如在条形图上叠加折线图，在地图上叠加气泡图等。在数据可视化设计过程中应该把数据信息的呈现放在第一位，图表美化放在其次。

 范例 3-13

在"运输成本分布"画布下方再增加一个可视化图表，制作每个"省份"的"利润额"与"运输成本"对比的图表。样张如图 3-71 所示。

（1）图表标题为"组合图"。

（2）"利润额"使用折线图，"运输成本"使用面积图。

（3）按照样张更改轴值和次轴值刻度。

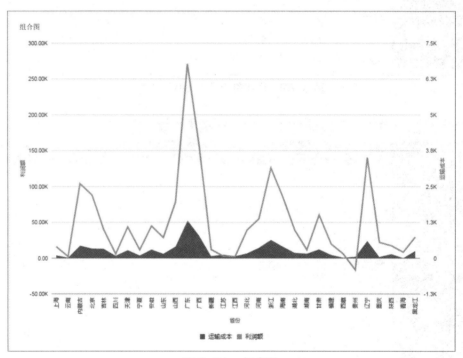

图 3-71 组合图

操作步骤

01 在"运输成本分布"画布下方添加一个可视化图表。分析题意，可视化所需数据字段包含"省份"、"利润额"和"运输成本"三个数据字段，按住【Ctrl】键，在"数据"面板中同时选中以上数据字段，拖曳至画布中"运输成本分布"可视化图表下边界，当边界出现蓝色加粗线条时释放鼠标，Oracle AD 自动创建最佳可视化 – 散点图，如图 3-72 所示。

02 如图 3-73 所示，选中散点图，单击"语法"面板中可视化下拉列表，在展开的列表选项中选择"组合图"更改可视化类型。在"属性"面板的"常规"选项设置卡中修改可视化图表标题为"组合图"，效果如图 3-74 所示。

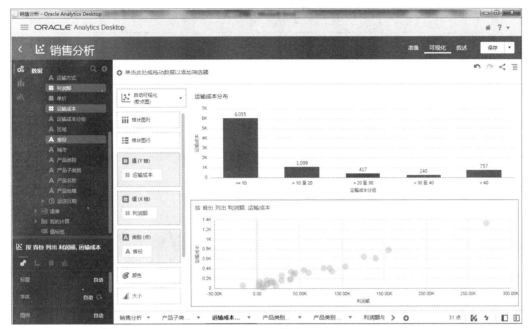

图 3-72　散点图

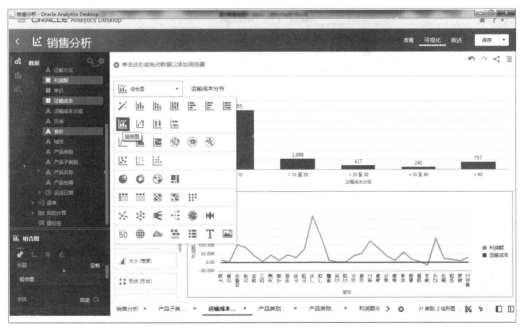

图 3-73　修改可视化类型－组合图

03 从图 3-74 中可以看出利润额与运输成本公用 Y 轴，按 Y 轴刻度数据同步显示。由于利润额与运输成本数值差异较大，无法通过本图看到利润额与运输成本之间的对比变化情况，因此需要设置 Y2 轴并调整刻度范围来显示运输成本。右击"语法"面板"值（Y 轴）"区域的"运输成本"字段，在弹出的快捷菜单中选择"Y2 轴"命令，如图 3-75 所示。

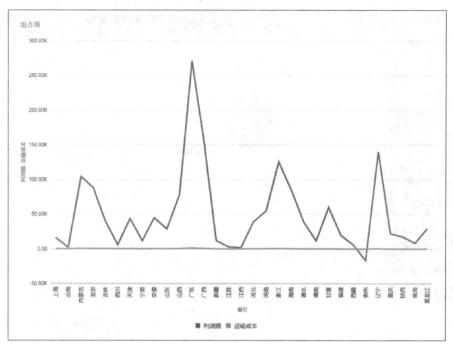

图 3-74　组合图

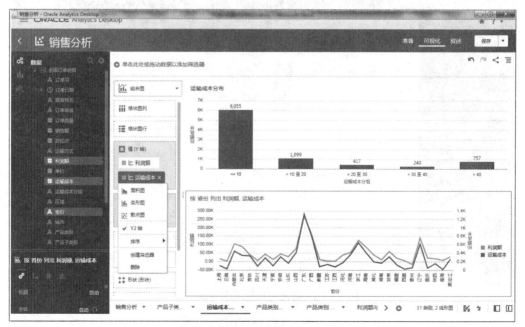

图 3-75　设置运输成本 Y2 轴

04 如图 3-76 所示，此时运输成本线形图显示，单击"语法"面板"值（Y 轴）"区域中的"运输成本"字段，在弹出的下拉菜单中选择"面积图"命令，修改运输成本面积图显示。观察 Y 轴（值轴）与 Y2 轴（次值轴）的刻度，为了能够更好地从图表中展示利润额与运输成本，建议在"属性"面板"轴"选项设置卡中设置次值轴刻度范围为 -1 250 ~ 7 500，效果如图 3-77 所示。

图 3-76　修改运输成本面积图

图 3-77　次值轴刻度设置

 结论

利润额相对较高的省区，例如内蒙古、广东、浙江、辽宁等，运输成本也相对较高。

3.13　瀑布图

　　瀑布图是因为形似瀑布流水而得名。瀑布图可以用来阐述多个数据元素的累积效果，即描述一个初始值受到一系列的正值或者负值的影响后是怎么变化的。

　　应用场景：两个数据点之间数量的演变过程或连续的数值加减关系，如期中与期末每月成交件数的消长变化。

　　例如：A公司一月份员工人数105人，二月份121人（较一月增加16人），三月份129人（较二月增加8人），四月份139人（较三月增加10人），五月份127人（较四月减少12人）。转换为加减法关系即为105+16+8+10-12=127。105与127为起讫值，其他数值即为变化量，图3-78所示为该公司员工人数随月份变化的瀑布图。

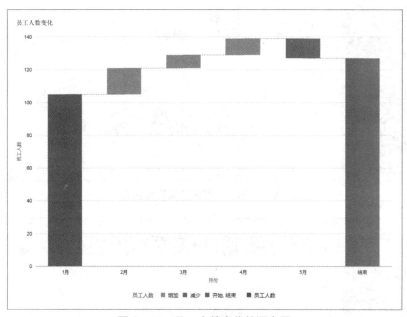

图 3-78　员工人数变化的瀑布图

　　范例 3-14

　　在"销售分析"项目中新建画布，命名为"订单数量变化"，制作每个季度的订单数量瀑布图，图表标题为"瀑布图"。样张如图3-79所示。

　　操作步骤

　　01 在"销售分析"项目中新建画布，修改画布名称为"订单数量变化"。

　　02 分析题意，可视化所需数据字段包含"订单日期"和"订单数量"。按住【Ctrl】键，在"数据"面板中同时选中以上数据字段，拖曳至"可视化"画布编辑区域。单击"语法"面板中可视化下拉列表，在展开的列表选项中选择"瀑布图"更改可视化类型，如图3-80所示。在"属性"面板的"常规"选项设置卡中修改可视化图表标题"瀑布图"。

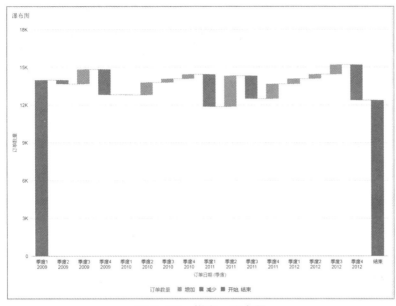

图 3-79 样张 – 瀑布图

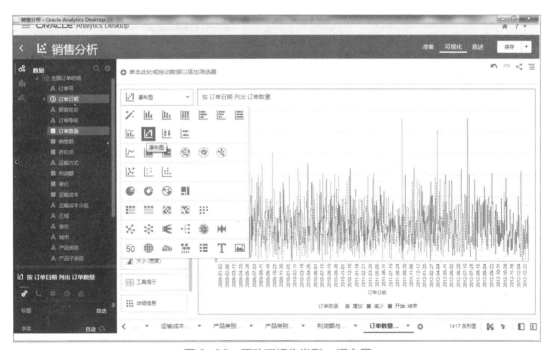

图 3-80 更改可视化类型 – 瀑布图

03 X 轴上的日期需要更改显示方式。单击"语法"面板中的"类别（X 轴）"区域的"订单日期"字段，在弹出的快捷菜单中选择"显示方式"→"季度"命令，如图 3-81 所示。效果如图 3-82 所示。

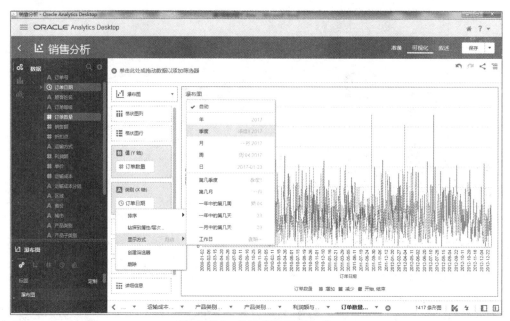

图 3-81　修改日期显示方式

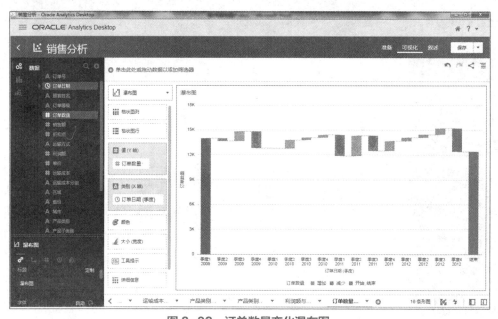

图 3-82　订单数量变化瀑布图

结论

（1）图中橙色柱形表示相对于上一个季度订单数量有下跌，柱形的高度表示订单减少数量，其中 2009 季度 2，2009 季度 4，2010 季度 1，2011 季度 1，2011 季度 3，2012 季度 4 一共 6 个季度较上一个季度有所下跌。

（2）图中绿色柱形表示相对于上一个季度订单数量有增加，柱形的高度表示订单增加数量增幅较大的季度有 2009 季度 3，2011 季度 1，2011 季度 4，均伴随着上一个季度订单数量有明显下跌。

3.14 箱线图

箱线图又称盒须图、盒式图或箱形图，是一种用于显示一组数据分散情况的统计图。因形状如箱子而得名。在各种领域也经常被使用，常见于品质管理。

箱线图的绘制方法是：先找出一组数据的最大值、最小值、中位数和两个四分位数；然后，连接两个四分位数画出箱子；再将最大值和最小值与箱子相连，中位数在箱子中间，图 3-83 所示为箱线图的示意。它主要用于反映原始数据分布的特征，还可以进行多组数据分布特征的比较。箱线图中的箱体表示数据的集中范围，箱体越短表示数据分布越集中，反之，数据分布越离散。

图 3-83 箱线图的示意

根据表 3-1 的 31 个销售量数据，按数值从小到大排序，第 1 位的数是最小值 Min 143，第 8 位数为下四分位数 Q_L154，第 16 位数为中位数 M_e174，第 24 位数为上四分位数 Q_u214，第 31 位数为最大值 Max234。

表 3-1 某空调公司 2015 年 1 月每天的销售量

179	161	198	145
187	162	218	
187	163	223	
196	164	214	
152	174	215	
153	178	228	
154	143	234	
159	147	222	
160	149	178	
161	150	230	

按上述数据绘制的箱线图如图 3-84 所示。

图 3-84 销售数据的箱线图

通过箱线图的形状可以看出数据分布的大体特征。参照中位数的位置，可以分为对称分布、左偏分布和右偏分布。图 3-84 所示为右偏分布。

范例 3-15

在"销售分析"项目中新建画布，命名为"各产品子类别利润分布"，绘制按季度统计各产品子类别的利润额分布的箱线图，图表标题为"各产品子类别利润分布"。样张如图 3-85 所示。

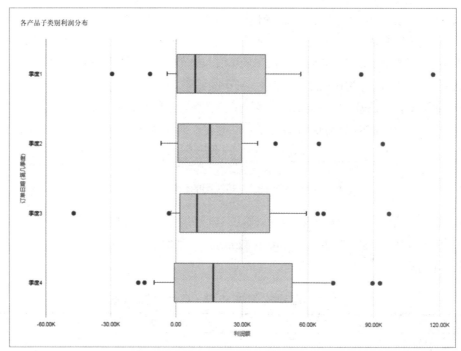

图 3-85　样张 - 箱线图

操作步骤

01 在"销售分析"项目中新建画布，修改画布名称为"各产品子类别利润分布"。

02 分析题意，可视化所需数据字段包含"订单日期"、"利润额"和"产品子类别"，按住【Ctrl】键，在"数据"面板中同时选中以上数据字段，拖曳至"可视化"画布编辑区域。Oracle AD 自动创建最佳可视化 - 线形图。单击可视化工具栏中的 按钮，在展开的列表选项中选择"水平箱线图"更改可视化类型，如图 3-86 所示。

03 修改订单日期显示方式为"第几季度"，日期排序为"最早到最晚"，修改图表标题为"各产品子类别利润分布"。如图 3-87 所示，调整"语法"面板各区域字段［产品子类别拖曳至"语法"面板"详细信息（框）"区域］，也可单击可视化工具栏中显示分配◎按钮进行调整。

注意：
箱子外的数据点为异常点。

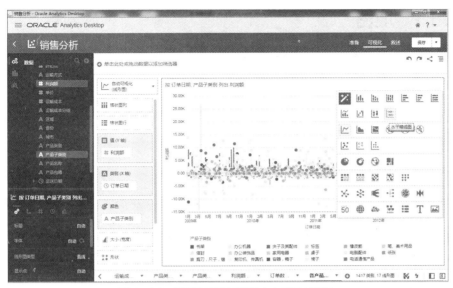

图 3-86　更改可视化类型（水平箱线图）

图 3-87　可视化设置

 结论

（1）箱体表示数据的集中范围，图中季度 2 箱体最短，各产品子类别季度 2 的利润额总和分布相对集中（也表示季度 2 的利润相对其他季度稳定）。

（2）箱线图中，4 个季度的下四分位数位置比较接近，且数值不大，表示每个季度均存在 25% 的产品子类别利润总和较低或亏损情况。

（3）水平箱线图左侧的异常点表示产品子类别中利润额总和较差的数据，右侧的异常点表示产品子类别中利润额总和相对较高的数据。

3.15　地图

地图主要用于分析和展示与地理位置相关的数据，并以地图的形式呈现。这种数据表达方式更加明确和直观。

应用场景：可用于不同地理位置数据分布的对比分析。比如，不同国家的人口数量分布、各省市的人均国内生产总值对比等。

局限性：数据中需包含地理位置数据，如国家、省、市等。

 范例 3-16

新建画布命名为"地图"，制作销售额的城市地图，显示北京、上海、深圳的销售情况。

◀)) 注意：

地图的显示与显示器的分辨率设置有关。

操作步骤

01 在"销售分析"项目中新建画布，修改画布名称为"地图"。

02 在"数据"面板中右击"城市"字段，在弹出的快捷菜单中选择"选取可视化"命令，如图 3-88 所示，在展开的图例中单击地图按钮，将"城市"作为地理位置数据添加至画布，并自动创建可视化地图。双击"数据"面板中的"销售额"将其添加至画布。

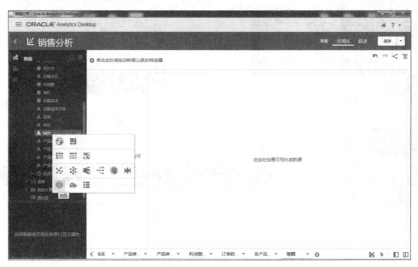

图 3-88　添加城市地理位置到可视化

03 选中地图，在"属性"面板中，"地图"选项设置卡中更改地图背景为"Oracle 地图"，在"数据层"选项设置卡中，设置层类型为"点图"，透明度为"20"。

04 按住【Ctrl】键，在地图中选中北京、上海、深圳三所城市，右击后在弹出的快捷菜单中选择"保留所选项"命令（也可以通过添加筛选器设置），显示北京、上海、深圳的销售情况。为了更好地对比三座城市的销售额，将销售额拖至"语法"面板的"大小"区域即可。

> **提示：**
>
> 用户也可以添加 .json 文件来定制地图。以百度地图为例，具体步骤如下：
>
> （1）利用"导航器"切换至控制台界面，单击"地图"按钮，切换至"背景"。单击"添加背景"，选择"百度地图"，如图 3-89 所示，在弹出"百度地图"对话框中输入关键字和说明（关键字见素材"百度地图关键字 .txt"，也可至百度地图开放平台申请）。
>
>
>
> 图 3-89 添加背景 – 百度地图
>
> （2）如图 3-90 所示，切换至"地图层"。单击"添加定制层"按钮，添加素材中的"china_province.json""china_city.json"文件。如图 3-91 所示，在弹出"地图层"页面，添加说明并选中"层关键字"，单击"添加"按钮。 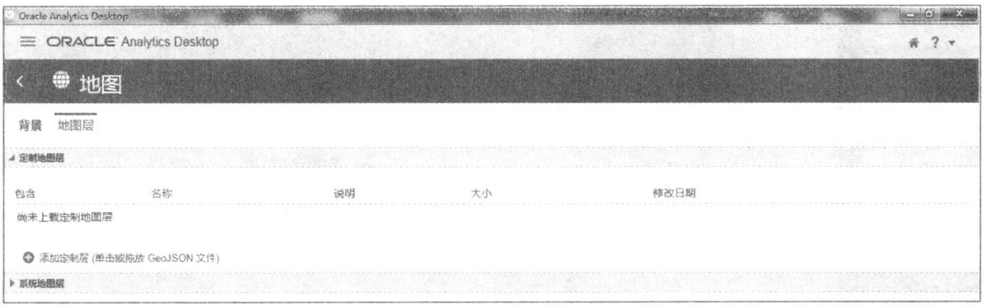
>
>
>
> 图 3-90 控制台
>
> 图 3-91 添加地图定制层
>
> （3）切换至项目中的可视化界面，在"属性"面板的"地图"选项设置卡中更改地图背景为"百度地图"。

3.16 叙述

用户可以通过操作界面切换按钮切换至"叙述"界面。如图3-92所示,"叙述"界面左侧"画布"面板中显示项目中所有画布缩略图,可以根据需要将主题相关的多个画布拖曳至右侧编辑区下方的灰色区域,这样展示数据会让主题更明确、数据展示更具可读性。在"叙述"界面中称画布为页,右击相应页,在弹出的快捷菜单中可以进行相应设置。选择"视图基础画布"选项可以转到"可视化"界面下进行当前画布的重新编辑。

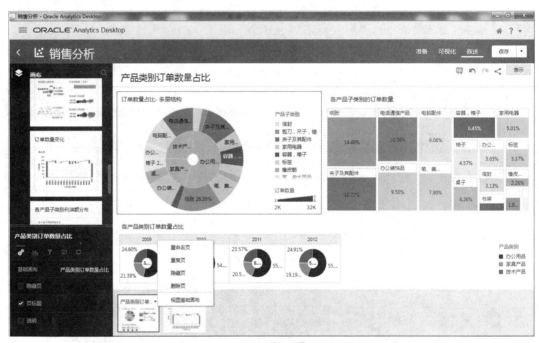

图 3-92 "叙述"界面

例如,在叙述界面中添加"产品类别订单数量占比"和"订单数量变化"两张画布用于分析订单数量。

在"画布"面板中将上述两张画布依次拖曳至右侧编辑区下方的灰色区域。画布的添加过程中注意顺序,画布会按照此顺序进行展示。如图 3-93 所示,用户也可以通过按住鼠标左键直接拖曳的方式调整画布顺序。如图 3-94 所示,单击界面右上角的"表示"按钮,通过单击"上一页"、"下一页"按钮或者按键盘左右方向键按照顺序进行画布的展示。

画布添加完成后,可通过左侧画布"属性"面板进行画布(页面)属性设置。如图 3-95 所示,通过勾选画布"属性"面板中"常规"选项卡的"说明"选项,可以在"订单数量变化"画布中添加说明,还可以通过单击界面右上角 按钮为画布添加注释。适当地添加一些文本注释和说明,会让画布更具可读性。关于创建故事的其他设置,这里不一一介绍。

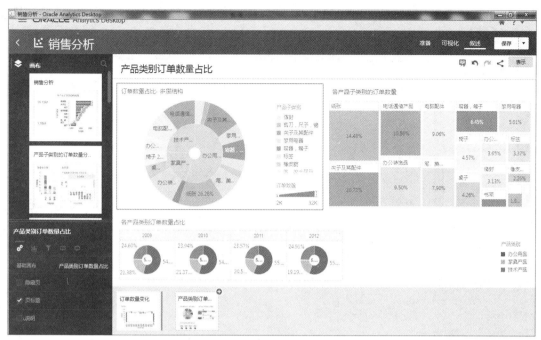

图 3-93 拖曳页改变页展示顺序

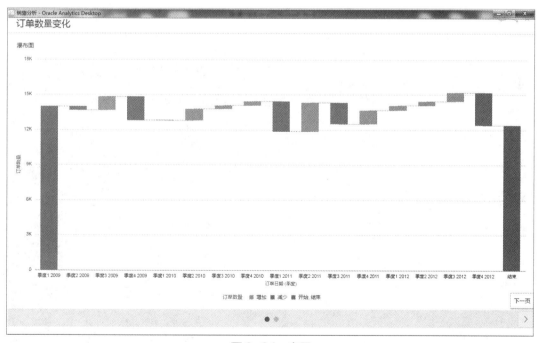

图 3-94 表示

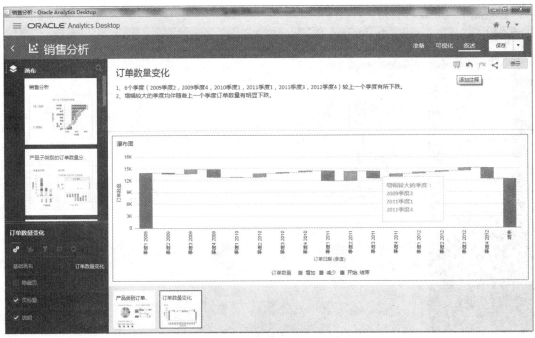

图 3-95　添加说明和注释

　　用户可以通过单击界面右上角 < "共享"按钮以"文件"的方式导出"所有故事页"。如图 3-96 所示，以"Powerpoint(pptx)"方式导出用于分析订单数量的两张画布。

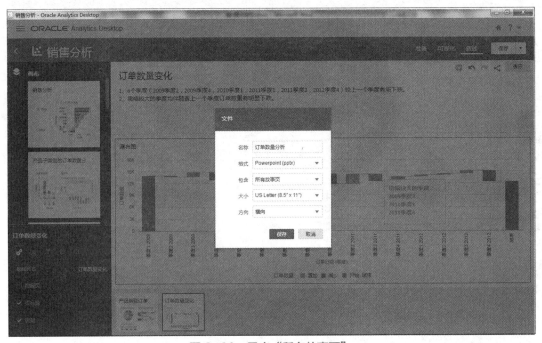

图 3-96　导出"所有故事页"

第4章
数据公式与函数

在数据可视化的过程中，除了可以使用原始数据外，还可以利用公式和函数对原始数据进行运算或处理，然后在此基础上作进一步的深入分析。所谓公式，指的是能够对数据进行执行计算、返回信息、测试条件等操作的方程式。而函数，指的是一类特殊的、预先编写的公式，不仅可以简化和缩短数据源中的公式，还可以完成更为复杂的数据运算。

本章主要介绍数据中的公式与函数的相关内容。

4.1 常量与运算符

在公式与函数的使用过程中，经常会使用到常量和运算符。其中，运算符又分为算术运算符、比较运算符和逻辑运算符。

1. 常量

常量，指的是始终保持相同值的数据，有日期型常量（如："2020-9-1"）、数字型常量（如："123456"）及字符串常量（如："你好"）等。在公式中的使用过程中，需要注意引用的是常量还是字段，不同的引用，产生的结果也会不同。

2. 算术运算符

算术运算符指的是基本的数学运算，具体的运算符名称及含义如表 4-1 所示。

表 4-1 算术运算符

算术运算符	含 义	举 例
+（加号）	加法运算	5+5
−（减号）	减法运算 负数	5−2 −5
*（星号）	乘法运算	5*5
/（正斜杠）	除法运算	5/5
%（百分号）	百分比	20%
^（脱字符）	乘方运算	5^2

3. 比较运算符

比较运算符用于比较符号左右两边的数值，其返回的值是布尔型（Boolean），只有逻辑真（TRUE）或者逻辑假（FALSE）。具体的运算符名称及含义如表4-2所示。

表4-2　比较运算符

比较运算符	含　义	举　例
=（等号）	等于	A1=B1
>（大于号）	大于	A1>B1
<（小于号）	小于	A1<B1
>=（大于等于号）	大于等于	A1>=B1
<=（小于等于号）	小于等于	A1<=B1
<>（不等于号）	不等于	A1<>B1

4. 逻辑运算符

常用的逻辑运算符有 Not（逻辑非）、And（逻辑与）和 Or（逻辑或），其返回的值是布尔型（Boolean），只有逻辑真（TRUE）或者逻辑假（FALSE）。具体的运算符名称及含义如表4-3所示。

表4-3　逻辑运算符

逻辑运算符	语　法	说　明
逻辑与，AND（&&）	expr1 && expr2	expr1、expr2 均为真，返回值为真；否则，返回为假
逻辑或，OR（‖）	expr1 ‖ expr2	expr1、expr2 均为假，返回值为假；否则，返回为真
逻辑非，NOT（！）	!expr	expr 为真，返回值为假；否则为真

5. 运算符优先级

在一个表达式中可能包含多个不同的运算符连接起来，不同的运算顺序可能得出不同的结果甚至出现错误。为了保证运算的合理性和结果的正确性、唯一性，运算符有非常严格的优先级设定。

不同类型运算符之间的优先级为：算术运算符 > 关系运算符 > 逻辑运算符。

同一优先级的运算符，运算次序按结合顺序计算，并且大多数运算是从左至右计算。

一些常用运算符的优先级如表4-4所示。

表4-4　常用运算符的优先级

算术运算符		关系运算符		逻辑运算符	
高 低	乘方（^） 取负（-） 乘法、除法（*、/） 求余运算（%） 加法和减法（+、-）	相同	相等（=） 不等（<>、!=） 小于（<） 大于（>） 小于或等于（<=） 大于或等于（>=）	高 低	非（Not） 与（And） 或（Or）

高 ←——————————————————————→ 低

4.2　公式与函数操作

在 Oracle 可视化软件中，可以利用公式创建新数据元素（通常为度量），也可以通过输入函数，创建一个新的计算字段，并将其添加到可视化，为后续的可视化分析提供数据支撑。

4.2.1　公式的使用

在使用公式的时候，添加计算的数据元素存储在数据集的"我的计算"文件夹中。如果项目中仅包含单个数据集或一组连接的数据集，只有一个"我的计算"文件夹，新的计算数据元素将添加到该文件夹中。如果项目中包含多个数据集，每组连接的和未连接的数据集都有一个"我的计算"文件夹。添加计算时，请确认是为哪一个数据集或连接的数据集创建新的计算元素。

📝 范例 4-1

新建"销售分析–公式与函数"项目，数据集为"某公司销售数据.xlsx"中的"全国订单明细"工作表。创建一个新计算字段"销售利润率"，并进行可视化分析。

在对销售数据进行分析时，经常会使用到利润率这一指标数据。通常来说，利润率的主要形式有：

（1）销售利润率：一定时期的销售利润总额与销售收入总额的比率。它表明单位销售收入获得的利润，反映销售收入和利润的关系。

（2）成本利润率：一定时期的销售利润总额与销售成本总额之比。它表明单位销售成本获得的利润，反映成本与利润的关系。

（3）产值利润率：一定时期的销售利润总额与总产值之比，它表明单位产值获得的利润，反映产值与利润的关系。

在"全国订单明细"工作表中，原始数据中并没有"销售利润率"这一字段，为了更好地了解各产品类别的利润情况，可以在项目中利用公式，以添加计算的方式来创建该度量，该度量通过"利润额"和"销售额"相除计算得到。

微　课 ●⋯⋯⋯

范例4-1操作
演示

⋯⋯⋯●

🐾 操作步骤

01 新建项目。

新建"销售分析–公式与函数"项目，数据集为"某公司销售数据.xlsx"中的"全国订单明细"工作表。

02 打开"新建计算"对话框。

在"销售分析–公式与函数"项目中，切换至"可视化"画布中，在"数据"面板底部，右击"我的计算"，在快捷菜单中选择"添加计算…"命令，弹出"新建计算"对话框，如图 4-1 所示。

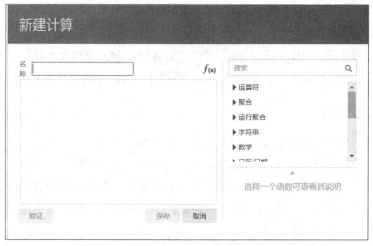

图 4-1 "新建计算"对话框

03 编辑表达式：销售利润率 = 利润额 / 销售额。

在"新建计算"对话框中，输入名称"销售利润率"，将"数据"面板中"全国订单明细"数据集中的"利润额"度量直接拖放至对话框中，输入运算符"/"，再将"销售额"度量添加至表达式，完成表达式编辑，如图 4-2 所示。需要注意的是，参与计算的字段必须从"数据"面板中拖入"新建计算"的编辑框，或者在使用函数时根据函数参数提示从编辑框的列表中选择。如果是手工输入的字段，系统会将其处理为文本，无法提取该字段所包含的数值。

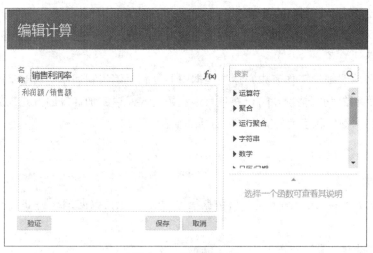

图 4-2 编辑表达式

04 验证计算。

在完成公式输入后，单击对话框左下角"验证"按钮，当显示"已验证计算"时，表示表达式编辑没有语法错误，如图 4-3 所示。而当有语法错误时，验证将无法通过，并提示报错信息，如图 4-4 所示，产生错误的原因是"销售额"为手工输入。

图 4-3　验证表达式

图 4-4　验证语法错误

05 保存。

验证通过后单击"新建计算"对话框中"保存"按钮，在"数据"面板，"我的计算"文件夹下生成"销售利润率"度量，如图 4-5 所示。

06 可视化分析。

将默认的"画布 1"重命名为"公式"，分析每一类产品销售额、利润额与销售利润率情况。在"语法"

图 4-5　我的计算 - 销售利润率

面板上利用数据透视表，将"产品类别"字段设为"行"，"销售额"、"利润额"、"销售利润率"字段设为"值"，"销售利润额"设为"颜色"，并重置可视化颜色。在"属性"面板上设置图表标题为"各产品类别销售利润率"，图例显示在顶部，如图 4-6 所示，完成后将项目保存。通过数据显示，发现家具产品类别的销售利润率明显低于其他两大产品类别。

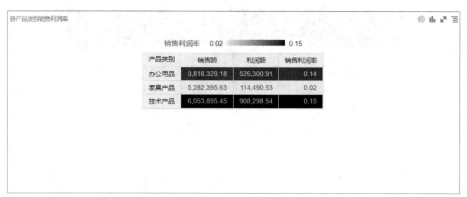

图 4-6　各产品类别销售利润率

4.2.2　函数的输入

在 Oracle 可视化软件中，为了减少操作步骤，提高运算速度，用户可以通过函数来简化公式的计算过程。函数的输入过程与公式的输入类似，只需要在"新建计算"对话框中，将需要的函数添加在计算的编辑框中，按照函数语法设置相关参数即可，如图 4-7 所示。

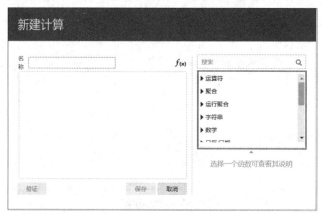

图 4-7　"新建计算"对话框中函数选择

函数除了可以单独使用外，也可以根据需求和公式、常量及运算符混用，还可以进行函数的嵌套。因此在函数的输入过程中，需要注意确保输入的规范性，防止产生错误结果。

4.3　常用函数

Oracle 可视化软件中预设了多种类型的函数，主要包含聚合函数、运行聚合函数、字符串函数、数学函数、日历 / 日期函数、转换函数、系统函数、表达式函数、时间序列计算函数、筛选器函数、分析函数、空间函数等多种主题函数。

本节主要从函数的功能、语法、参数说明和示例对一些常用函数作介绍。

4.3.1　聚合函数

聚合函数是指对一组值执行计算，并返回单个值，也被称为组函数。常见的求平均值、求和等运算均涵盖在内。除 Count 函数以外，聚合函数忽略空值，如果 Count 函数的应用对象是一个确定列名，并且该列存在空值，此时 Count 仍会忽略空值。

常用的聚合函数有以下几种：

1. Aggregate By

功能：根据指定的级别累计列。

语法：AGGREGATE(measure BY level [, level1, levelN])

参数说明：

（1）measure 是度量列的名称。

（2）level 是要在其上进行累计的级别。可以选择指定多个级别，但不能指定以下维中的级别：该维包含的级别同时也是在第一个参数中指定度量的度量级别。例如，不能编写 AGGREGATE(yearly_sales BY month) 这样的函数，因为 "month" 所属时间维同时用作了 "yearly_sales" 的度量级别。

示例：AGGREGATE(sales BY month, region)

 范例 4-2

在 "销售分析 – 公式与函数" 项目中，创建一个新计算字段 "月利润额"，比较各区域月利润额。

操作步骤

01 在 "新建计算" 对话框中输入函数。

在 "销售分析 – 公式与函数" 项目中，切换至 "可视化" 画布中，在 "数据" 面板底部，右击 "我的计算"，在快捷菜单中选择 "添加计算…" 命令，弹出 "新建计算" 对话框，输入名称 "月利润额"，并在聚合函数中找到函数 Aggregate By（或者直接搜索 Aggregate By 函数，双击添加，其他函数也可按此方法操作），如图 4-8 所示，双击添加到 "新建计算" 对话框的编辑框。

微　课 ●······

范例4-2操作
演示
······●

图 4-8　在 "新建计算" 对话框中选择函数 Aggregate By

根据语义，需要将"利润额"字段通过订单额月份进行累计，而订单的月份是可以通过 Month 函数计算"订单日期"字段得到的（Month 函数的语法规则参见 4.3.5 节），因此可以根据 Aggregate By 函数语法，输入函数参数，如图 4-9 所示。验证计算后保存。

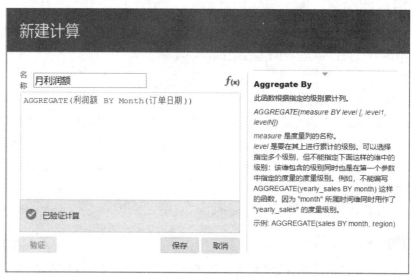

图 4-9　完成函数 Aggregate By 输入

02　可视化分析。

在"销售分析–公式与函数"项目中，新建"聚合函数"画布，比较各区域月利润额。在"语法"面板上利用水平条形图，将"月利润额"字段设为"值（X 轴）"，"区域"字段设为"类别（Y 轴）"。在"属性"面板上设置图表标题为"各区域月利润额分析"，如图 4-10 所示。为了更清晰地显示出月利润额最高的区域，通过右击华南的水平条，在快捷菜单中选择"颜色"→"数据点（华南）"命令，更改颜色为"#ed6647"，如图 4-11 所示，完成后将项目保存。

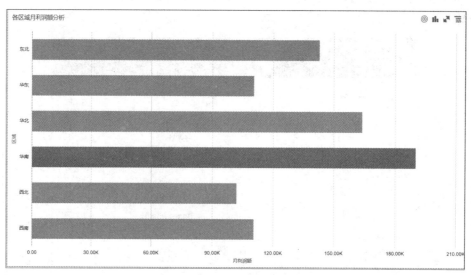

图 4-10　各区域月利润额分析

2. Avg

功能：计算结果集中表达式的平均值。

语法：Avg(expr)

参数说明：expr 是任意求值结果为数值的表达式。

示例： Avg(Sales)

3. Bin

功能：将给定的数值表达式分类为指定数目的等宽存储桶。该函数可以返回收集器数目或者收集器间隔的两个端点之一。

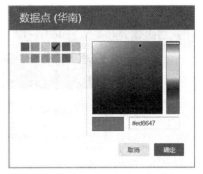

图 4-11 数据点（华南）颜色设置

语法：BIN(numeric_expr [BY grain_expr1, ..., grain_exprN] [WHERE condition] INTO number_of_bins BINS [BETWEEN min_value AND max_value] [RETURNING {NUMBER | RANGE_LOW | RANGE_HIGH}])

参数说明：

（1）numeric_expr 是收集器的度量或数值属性。

（2）BY grain_expr1,···, grain_exprN 是定义将计算 numeric_expr 所采用粒度的表达式列表。BY 是度量表达式的必需项, 是属性表达式的可选项。

（3）WHERE 在将数值分配给收集器之前要应用于 numeric_expr 的筛选器。

（4）INTO number_of_bins BINS 是要返回的收集器数目。

（5)BETWEEN min_value AND max_value 是用于最外层收集器的端点的最小值和最大值。

（6）RETURNING NUMBER 指示返回值应为收集器数目 (1, 2, 3, 4 等)，这是默认值。

（7）RETURNING RANGE_LOW 指示收集器间隔的下限值。

（8）RETURNING RANGE_HIGH 指示收集器间隔的上限值。

示例：BIN(revenue BY productid, year WHERE productid > 2 INTO 4 BINS RETURNING RANGE_LOW)

4. BottomN

功能：按从 1 到 n 的顺序依次排列表达式参数中最小的 n 个值, 1 对应于最小的数值。

语法：BottomN(expr, integer)

参数说明：

（1）expr 是任意求值结果为数值的表达式。

（2）integer 是任意正整数。它表示结果集中显示的最低排名的数字, 1 为最低排名。

范例 4-3

在"销售分析 – 公式与函数"项目中，创建一个新计算字段"低利润额产品"，列出利润额最低的 10 项产品，并用不同颜色区分这些产品运输成本的高低。

操作步骤

01 在"新建计算"对话框中输入函数。

微 课

范例4-3操作
演示

在"销售分析－公式与函数"项目中，新建计算字段"低利润额产品"，并在聚合函数中找到函数 BottomN，如图 4-12 所示，双击添加到"新建计算"的编辑框。

图 4-12　在"新建计算"对话框中选择函数 BottomN

根据语义，需要取"利润额"字段中最小的 10 个数，因此可以根据函数语法，输入函数参数，如图 4-13 所示。验证计算后保存。

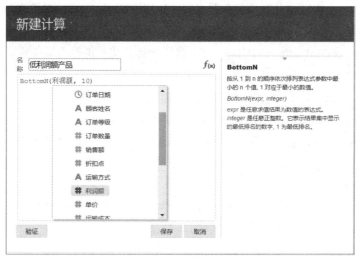

图 4-13　完成函数 BottomN 输入

02　可视化分析。

在"销售分析－公式与函数"项目的"聚合函数"画布的右上方，新建可视化图表，分析利润额最低的 10 项产品的运输成本情况。在"语法"面板上利用条形图，将"低利润额产品"字段设为"值（Y 轴）"，"产品名称"字段设为"类别（X 轴）"，"运输成本"设为"颜色"，并按照"低利润额产品"字段降序排列（由高到低）。在"属性"面板上设置图表标题为"低利润额产品运输成本分析"，如图 4-14 所示，完成后将项目保存。通过图表显示，发现利润额最低的 10 项产品中，Global High-Back Leather Tilter, Burgundy 的运输成本最高。

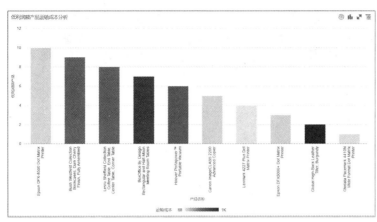

图 4-14　低利润额产品运输成本分析

5. Count

功能：计算表达式中包含非空值的行数。

语法：COUNT(expr)

参数说明：expr 是任意表达式。

示例：COUNT(Products)

 范例 4-4

在"销售分析 – 公式与函数"项目中，创建一个新计算字段"产品类别计数"，比较各省份购买产品种类的数量。

操作步骤

01 在"新建计算"对话框中输入函数。

在"销售分析 – 公式与函数"项目中，新建计算字段"产品类别计数"，并在聚合函数中找到函数 Count，如图 4-15 所示，双击添加到"新建计算"对话框的编辑框。

微　课
范例4-4操作
演示

图 4-15　在"新建计算"对话框中选择函数 Count

根据语义，需要统计产品类别的数量值，即"产品类别"字段的非空值的行数，因此可以根据函数语法，输入函数参数，如图 4-16 所示。验证计算后保存。

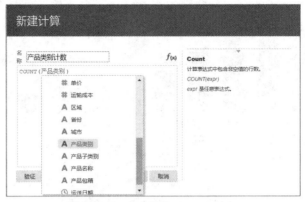

图 4-16　完成函数 Count 输入

02 可视化分析。

在"销售分析 – 公式与函数"项目的"聚合函数"画布的左下方，新建可视化图表，比较各省份购买产品种类数量。在"语法"面板上利用雷达条形图，将"产品类别计数"字段设为"值（半径）"，"省份"字段设为"类别（角度）"和"颜色"。在"属性"面板上设置图表标题为"部分省份购买产品种类数量比较"，如图 4-17 所示，完成后将项目保存。通过图表显示，发现广东购买的产品种类数量最多，其次为广西和浙江。

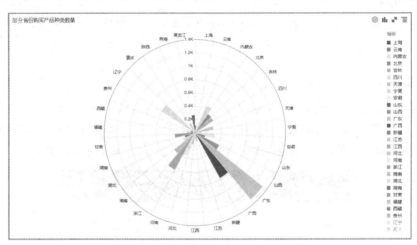

图 4-17　部分省份购买产品种类数量分析

6. CountDistinct

功能：对计数函数进行相异处理，当计数项有重复时，不进行累计计数。

语法：COUNT(DISTINCT expr)

参数说明：expr 是任意表达式。

7. Rank

功能：计算符合数值表达式参数条件的每个值的等级。等级 1 分配给最大的数字，下一个连续的整数（2, 3, 4,...）依次分配给后面的每个等级。如果某些值相等，则分配相同的等级（例如，1, 1, 1, 4, 5, 5, 7...）。

语法：RANK(expr)

参数说明：expr 是任意求值结果为数值的表达式。

示例：RANK(chronological_key, null, year_key_columns)

8. Sum

功能：计算通过累加符合数值表达式参数要求的所有值得出的总和。

语法：SUM(expr)

参数说明：expr 是任意求值结果为数值的表达式。

示例：SUM(Revenue)

9. TopN

功能：按从 1 到 n 的顺序依次排列表达式参数中最大的 n 个值，1 对应于最大的数值。

语法：TOPN(expr, integer)

参数说明：

（1）expr 是任意求值结果为数值的表达式。

（2）integer 是任意正整数。它表示结果集中显示的最高排名的数字，1 为最高排名。

范例 4-5

在"销售分析 – 公式与函数"项目中，创建一个新计算字段"订单量 Top5"，列出订单数量最高的 5 个省份。

微 课
范例4-5操作
演示

操作步骤

01 在"新建计算"对话框中输入函数。

在"销售分析 – 公式与函数"项目中，新建计算字段"订单量 Top5"，并在聚合函数中找到函数 TopN，如图 4-18 所示，双击添加到"新建计算"对话框的编辑框。

根据语义，需要取"订单数量"字段中最大的 5 个数，因此可以根据函数语法，输入函数参数，如图 4-19 所示。验证计算后保存。

图 4-18 在"新建计算"对话框中选择函数 TopN　　　　图 4-19 完成函数 TopN 输入

02 可视化分析。

在"销售分析 – 公式与函数"项目的"聚合函数"画布的右下方，新建可视化图表，列出订单数量最高的 5 个省份。在"语法"面板上利用表图，将"省份"字段、"订单数量"字段和"订单量 Top5"字段设为"行"，"订单数量"字段设为"颜色"。按"订单量 Top5"字段由低到高升序排序。管理颜色分配，将"订单数量"的预设项设置颜色为"#68C182"，如图 4–20 所示。在"属性"面板上设置图表标题为"订单数量 Top5 省份"，图例在顶部显示，如图 4–21 所示，完成后将项目保存。通过图表显示，得到订单数量最高的 5 个省区由高到底分别为：广东、广西、浙江、辽宁和内蒙古。

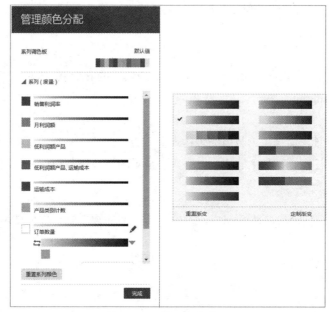

图 4-20　管理颜色分配

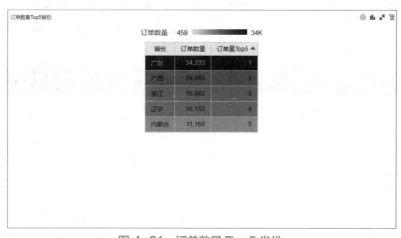

图 4-21　订单数量 Top5 省份

4.3.2 字符串函数

字符串函数执行各种字符操纵功能，这些函数对字符串进行操作。

1. Concat

功能：连接两个字符串。

语法：CONCAT(expr1, expr2)

参数说明：expr1，expr2 是求值结果为逗号分隔字符串的表达式。

示例：SELECT DISTINCT CONCAT('abc', 'def') FROM employee

 范例 4-6

在"销售分析 – 公式与函数"项目中，创建一个新计算字段"城市名称"，比较广东和
广西两省区各城市的平均销售额。

微 课 ●······

范例4-6操作
演示

操作步骤

01 在"新建计算"对话框中输入函数。

在"销售分析 – 公式与函数"项目中，新建计算字段"城市名称"，并在字符串函数中
找到函数 Concat，如图 4-22 所示，双击添加到"新建计算"对话框的编辑框。

图 4-22 在"新建计算"对话框中选择函数 Concat

根据语义，需要在"城市"字段的后面加上字符"市"，因此可以根据函数语法，输入
函数参数，如图 4-23 所示。验证计算后保存。

02 可视化分析。

在"销售分析 – 公式与函数"项目中，新建"字符串函数"画布，比较广东和广西两省
区各城市的平均销售额。在"语法"面板上利用雷达面积图，将"销售额"字段设为"值（半
径）"，"城市名称"字段设为"类别（角度）"，"省份"字段设为"筛选器"，筛选省
份为"广东"和"广西"。在"属性"面板中设置图表标题为"两广各市平均销售额"，将"销
售额"字段的聚合方法设为"平均值"，并启用"显示点"，如图 4-24 所示，完成后将项目
保存。通过图表显示，发现广州市、北海市和梅州市在两广各市平均销售额中排在前列。

图 4-23 完成函数 Concat 输入

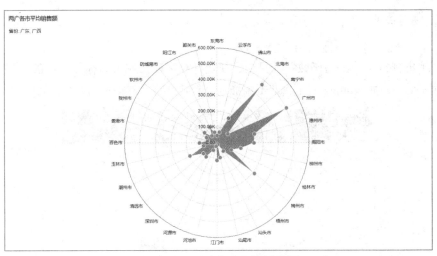

图 4-24 两广各市平均销售额

2. Insert

功能：将指定的字符串插入到另一个字符串的指定位置。

语法：INSERT(expr1, integer1, integer2, expr2)

参数说明：

（1）expr1 是任意求值结果为字符串的表达式。它标识目标字符串。

（2）integer1 是任意正整数，它表示从目标字符串开头数起的第几个字符处插入第二个字符串。

（3）integer2 是任意正整数，它表示目标字符串中由第二个字符串替换的字符数。

（4）expr2 是任意求值结果为字符串的表达式。它标识要插入到目标字符串中的字符串。

示例：SELECT INSERT('123456', 2, 3, 'abcd') FROM table

3. Left

功能：返回从字符串左侧算起的指定字符数。

语法：LEFT(expr, integer)

参数说明：

（1）expr 是任意求值结果为字符串的表达式。

（2）integer 是任意正整数，它表示从字符串左侧开始返回的字符数。

示例：SELECT LEFT('123456', 3) FROM table

 范例 4-7

在"销售分析 – 公式与函数"项目中，创建一个新计算字段"姓氏"，查看各姓氏顾客贡献的利润额，并在贡献利润额最高的姓氏中找出排在前三名的顾客姓名。

微　课
范例4-7操作
演示

操作步骤

01 在"新建计算"对话框中输入函数。

在"销售分析 – 公式与函数"项目中，新建计算字段"姓氏"，并在字符串函数中找到函数 Left，如图 4-25 所示，双击添加到"新建计算"对话框的编辑框。

图 4-25　在"新建计算"对话框中选择函数 Left

根据语义，需要取"顾客姓名"字段左边的 1 位作为顾客的姓氏，因此可以根据函数语法，输入函数参数，如图 4-26 所示。验证计算后保存。

02 可视化分析。

在"销售分析 – 公式与函数"项目的"字符串函数"画布的右侧，新建可视化图表，按姓氏列出利润额的情况。在"语法"面板上利用条形图，将"利润额"字段设为"值（Y 轴）"，"姓氏"字段设为"类别（X 轴）"。在"属性"面板上设置图表标题为"各姓氏顾客贡献的利润额"。如图 4-27 所示。通过图表发现"赵"氏顾客贡献的利润额最高。

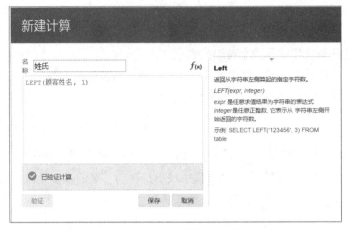

图 4-26　完成函数 Left 输入

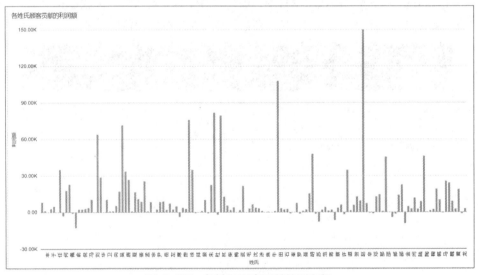

图 4-27　各姓氏顾客贡献的利润额

在当前可视化图表中右击，选择"编辑"中的"重复可视化"命令，对"赵"氏顾客进行深入分析。在"语法"面板上修改类别（X 轴）为"顾客姓名"字段，并将"姓氏"字段添加到"筛选器"，筛选姓氏为"赵"。在"属性"面板上修改图表标题为"赵氏顾客贡献的利润额"。在图表中，可以找出所有"赵"氏顾客中贡献利润额最高的那几个顾客的姓名。选择贡献度最高的 3 名顾客对应的条形，右击后在快捷菜单中选择"颜色"→"数据点（赵宣宣和其他 2 项）…"命令，修改数据点的颜色为"#ed6647"，最终呈现的图形如图 4-28 所示，完成后将项目保存。

4. Length

功能：返回指定字符串的长度，以字符数为单位。返回的长度不包括任何尾随空白字符。

语法：LENGTH(expr)

参数说明：expr 是任意求值结果为字符串的表达式。

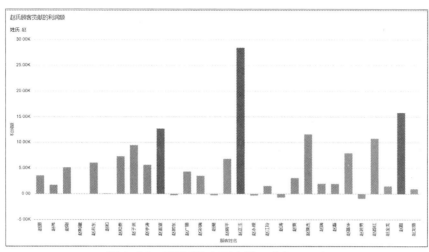

图 4-28　贡献利润额最高的 3 名赵氏顾客

5. Locate

功能：返回字符串在另一个字符串中的位置，以数字表示。

语法：LOCATE(expr1, expr2)

参数说明：

（1）expr1 是任意求值结果为字符串的表达式，它标识要搜索的字符串。

（2）expr2 是任意求值结果为字符串的表达式，它标识要在其中执行搜索的字符串。

示例： Locate('d', 'abcdef')

6. Right

功能： 返回从字符串右侧算起的指定字符数。

语法：RIGHT(expr, integer)

参数说明：

（1）expr 是任意求值结果为字符串的表达式。

（2）integer 是任意正整数，它表示从字符串右侧开始返回的字符数。

示例：SELECT right('123456', 3) FROM table

4.3.3　数学函数

数学函数可以对数值型的数据或结果为数值的表达式执行各种数学运算。

1. Mod

功能：将第一个数值表达式除以第二个数值表达式，然后返回商的余数部分。

语法：MOD(expr1, expr2)

参数说明：expr 是任意求值结果为数值的表达式。

示例：MOD(10, 3)

2. Rand

功能：返回 0 至 1 之间的伪随机数。

语法：RAND()

3. Round

功能：将数值表达式的值四舍五入到 n 位精度。

语法：ROUND(expr, integer)

参数说明：

（1）expr 是任意求值结果为数值的表达式。

（2）integer 是任意整数，它表示精度的位数。

示例：ROUND(2.166000, 2)

 范例 4-8

微　课

范例4-8操作
演示

在"销售分析 – 公式与函数"项目中，创建一个新计算字段"销售额取整"，比较默认数据格式下"销售额"和"销售额取整"不同的显示效果。

操作步骤：

01 在"新建计算"对话框中输入函数。

在"销售分析 – 公式与函数"项目中，新建计算字段"销售额取整"，对销售额进行四舍五入取整。在数学函数中找到函数 Round，如图 4-29 所示，双击添加到"新建计算"对话框的编辑框。

图 4-29　在"新建计算"对话框中选择函数 Round

根据函数语法，输入函数参数，如图 4-30 所示。验证计算后保存。

02 可视化分析。

在"销售分析 – 公式与函数"项目中，新建"数学函数"画布，比较"销售额"和"销售额取整"不同的显示效果。在"语法"面板上利用表图，将"产品类别"字段、"销售额"字段和"销售额取整"设为"行"，对数据进行比较。在"属性"面板上设置图表标题为"取整数据比较"，如图 4-31 所示，完成后将项目保存。也可以通过编辑计算字段，将"销售额取整"的第二个参数进行修改，调整精度的位数，并观察数据的变化。

图 4-30　完成函数 Round 输入

图 4-31　比较"销售额"字段和"销售额取整"字段不同的显示效果

4. Truncate

功能：截断小数，以返回从小数点开始算起的指定位数。

语法：TRUNCATE(expr, integer)

参数说明：

（1）expr 是任意求值结果为数值的表达式。

（2）integer 是任意整数，它表示从小数点位置右侧返回的字符数。

示例：TRUNCATE(25.126, 2)

4.3.4　转换函数

转换函数可将值从一种形式转换为另一种形式。

1. Attribute

功能：可以将度量表达式作为属性列来处理。使用时需要注意的是，指定在将结果转换为属性之前要应用于度量的聚合。

语法：ATTRIBUTE(numeric_expr [BY level [, level1, levelN]] [WHERE condition])

参数说明：

（1）numeric_expr 是任意求值结果为数值的表达式。

（2）level 是聚合级别，可以指定多个级别，如果未指定级别，则将在合计级别执行聚合。

（3）condition 是要应用的可选筛选器。

2. Cast

功能：将某一值或空值的数据类型更改为其他数据类型。

语法：CAST(expr AS type)

参数说明：

（1）expr 是任意表达式。

（2）type 是任意数据类型。

示例：CAST(hiredate AS CHAR(40)) FROM employee

4.3.5 日历 / 日期函数

日历 / 日期函数可根据日历年度处理 DATE 和 DATETIME 数据类型的数据。

1. Month

功能：返回一个介于 1 和 12 之间的数字 , 该数字对应于指定日期所在的月份。

语法：MONTH(expr)

参数说明：expr 是任意求值结果为日期的表达式。

示例：MONTH(Order_Time)

2. Year

功能：返回指定日期所在的年份。

语法：YEAR(expr)

参数说明：expr 是任意求值结果为日期的表达式。

示例：YEAR(Order_Date)

3. DayOfWeek

功能：返回一个介于 1 和 7 之间的数字，该数字对应于指定日期表达式是一周中的星期几。例如，1 始终与星期日对应，2 始终与星期一对应，依此类推到星期六，此时返回 7。

语法：DAYOFWEEK(expr)

参数说明：expr 是任意求值结果为日期的表达式。

4. Quarter_Of_Year

功能：返回一个介于 1 和 4 之间的数字 , 该数字对应于指定日期在一年中的哪一季度。

语法：QUARTER_OF_YEAR(expr)

参数说明：expr 是任意求值结果为日期的表达式。

 范例 4-9

在"销售分析 – 公式与函数"项目中，创建一个新计算字段"季度"（显示的值为"第 × 季度"），比较家具产品在每个季度的利润情况。

操作步骤

01 在"新建计算"对话框中输入函数。

微　课

范例4-9操作
演示

在"销售分析 – 公式与函数"项目中，新建计算字段"季度"，并在日历 / 日期函数中找到函数 Quarter_Of_Year，如图 4-32 所示，双击添加到"新建计算"对话框的编辑框。

图 4-32　在"新建计算"对话框中选择函数 Quarter_Of_Year

根据语义，可以通过"订单日期"字段获取季度值，因此可以根据函数语法，输入函数参数，如图 4-33 所示，验证计算。

图 4-33　完成函数 Quarter_Of_Year 输入

由于 Quarter_Of_Year 函数的返回值是介于 1 和 4 之间的数字，希望在"季度"字段里显示的值为"第 × 季度"这样的文本，因此可以通过 Concat 函数将 Quarter_Of_Year 函数返回的值和字符"第"和"季度"进行拼合。但是，Concat 函数不支持非文本类型，所以需要通过 Cast 函数先将 Quarter_Of_Year 函数的返回值变成文本，而且 Concat 函数只支持连接 2 个字符串，因此需要在连接完季度值和"季度"字符后，在其外层再套用一个 Concat 函数将"第"这个字符进行拼合。修改计算字段"季度"如图 4-34 所示，再次验证计算后保存。

图 4-34　利用函数 Concat、Cast 修改"季度"字段显示内容

02 可视化分析。

在"销售分析 - 公式与函数"项目中，新建"日历 / 日期函数"画布，比较家具产品每季度的利润情况。在"语法"面板上利用饼图，将"利润额"字段设为"值（切片）"，"季度"字段设为"颜色"，"产品类别"字段设为"筛选器"，筛选显示"家具产品"。在"属性"面板上设置图表标题为"家具产品每季度利润情况"，勾选数据标签显示"百分比"、"值"和"标签"，如图 4-35 所示，完成后将项目保存。从饼图中，可以得出家具产品第 2 季度利润最高，第 3 季度最低。

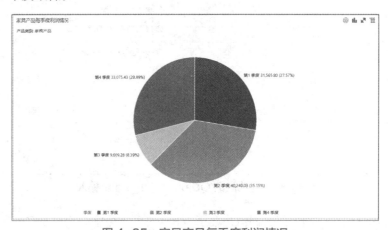

图 4-35　家具产品每季度利润情况

5. Current_Date
功能：返回当前日期。该日期由运行 Oracle BI 的系统确定。

语法：CURRENT_DATE

6. Current_Time
功能：返回当前时间。该时间由运行 Oracle BI 的系统确定。

语法：CURRENT_TIME(expr)

参数说明：expr 是任意整数，它表示显示零点几秒的精度的位数。例如：HH:MM:SS.SSS。如果未指定参数，该函数返回默认精度。

示例：CURRENT_TIME(3)

7. TimestampAdd

功能：将指定的时间间隔数添加到指定的时间戳，并返回单个时间戳。

语法：TIMESTAMPADD(interval, expr, timestamp)

参数说明：

（1）interval 是指定的间隔。有效值为：SQL_TSI_SECOND， SQL_TSI_MINUTE，SQL_TSI_HOUR， SQL_TSI_DAY, SQL_TSI_WEEK, SQL_TSI_MONTH, SQL_TSI_QUARTER， SQL_TSI_YEAR。

（2）expr 是任意求值结果为整数值的表达式。

（3）timestamp 是任意有效的时间戳。

示例：

（1）SELECT TIMESTAMPADD(SQL_TSI_DAY, 3, TIMESTAMP'2000-02-27 14:30:00') FROM Employee WHERE employeeid = 2

（2）TIMESTAMPADD(SQL_TSI_MONTH, 12,Time."Order Date")

8. TimestampDiff

功能：返回两个时间戳之间指定时间间隔的总数。

语法：TIMESTAMPDIFF(interval, timestamp1, timestamp2)

参数说明：

（1）interval 是指定的间隔。有效值同 TIMESTAMPADD 的时间间隔参数。

（2）timestamp1 and timestamp2 是任意有效的时间戳。

示例：

（1）SELECT TIMESTAMPDIFF(SQL_TSI_DAY, TIMESTAMP'1998-07-31 23:35:00',TIMESTAMP'2000-04-01 14:24:00') FROM Employee WHERE employeeid = 2

（2）TIMESTAMPDIFF(SQL_TSI_MONTH, Time."Order Date",CURRENT_DATE)

 范例 4-10

在"销售分析 - 公式与函数"项目中，创建一个新计算字段"订单反应时间（周）"，分析比较在不同的订单反应时间里（按周计算），不同的运输方式下的订单数量。

操作步骤

01 在"新建计算"对话框中输入函数。

在"销售分析 - 公式与函数"项目中，新建计算字段"订单反应时间（周）"，在日历 / 日期函数中找到函数 TimestampDiff，如图 4-36 所示，双击添加到"新建计算"对话框的编辑框。

微 课
范例4-10操作演示

图 4-36　在"新建计算"对话框中选择函数 TimestampDiff

根据语义，需要计算"订单日期"字段和"运送日期"字段之间间隔时间的周数，因此可以根据函数语法，输入函数参数，如图 4-37 所示，验证计算后保存。

图 4-37　完成函数 TimestampDiff 输入

02 可视化分析。

在"销售分析－公式与函数"项目的"日历／日期函数"画布的右侧，新建可视化图表，比较不同反应时间下不同运输方式的订单数量。在"语法"面板上利用 100% 堆叠条形图，将"订单数量"字段设为"值（Y 轴）"，"订单反应时间（周）"字段设为"类别（X 轴）"，"运输方式"字段设为"颜色"。在"属性"面板上设置图表标题为"不同运输方式的订单数比较"，并将"订单数量"的数据标签居中显示，如图 4-38 所示，完成后将项目保存。

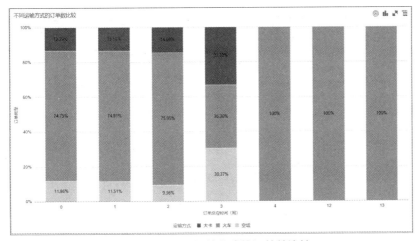

图 4-38　不同运输方式的订单数比较

通过图表显示，发现在 0~3 周的订单反应时间里，不同运输方式的订单数量有着显著差别，采用火车运输的订单数量明显高于其他两种运输方式；而在 3 周以上的订单反应时间里，所有的订单均采用火车一种运输方式。

4.3.6　表达式函数

使用条件表达式可以创建转换值的表达式，因此，表达式函数可用于创建将值从一种形式转换成另一种形式的表达式的构建块。

对于表达式函数，需要遵循以下规则：

（1）在 CASE 语句中，AND 的优先级高于 OR。

（2）字符串必须放置在单引号中。

1. Case (Switch)

功能：这种形式的 Case 语句也称为 CASE（查找）形式。先检查 expression1 的值，然后再检查 WHEN 表达式：

（1）如果 expression1 与任何一个 WHEN 表达式匹配，则会分配对应 THEN 表达式中的值。

（2）如果 expression1 与任何一个 WHEN 表达式都不匹配，则分配在 ELSE 表达式中指定的默认值。

（3）如果 expression1 与多个 WHEN 子句中的表达式匹配，将仅分配第一个匹配后面的表达式。

（4）如果未指定 ELSE 表达式，系统将自动添加 ELSE NULL。

语法：CASE expr1 WHEN expr2 THEN expr3 ELSE expr4 END

参数说明：expr 是任意有效表达式。

示例：

CASE Score-par

```
WHEN –5 THEN 'Birdie on Par 6'
WHEN –4 THEN 'Must be Tiger'
WHEN –3 THEN 'Three under par'
WHEN –2 THEN 'Two under par'
WHEN –1 THEN 'Birdie'
WHEN 0 THEN 'Par'
WHEN 1 THEN 'Bogey'
WHEN 2 THEN 'Double Bogey'
ELSE 'Triple Bogey or Worse'
END
```

 范例 4-11

在"销售分析 – 公式与函数"项目中，创建一个新计算字段"校正利润率"，展示校正利润率对比情况，并修改数字格式。

在"销售分析 – 公式与函数"项目中，通过创建一个计算字段"销售利润率"来观察各产品类别的盈利能力情况。后续，了解到家具产品的运输费是由生产厂家承担的，而办公用品、技术产品则是由销售公司承担运输费。因此，在计算家具产品的利润时，应把其中的运输成本扣除，这样对比三者的利润率才更有意义。可以通过 Case(Switch) 函数来解决以上问题。

 操作步骤

01 在"新建计算"对话框中输入函数。

在"销售分析 – 公式与函数"项目中，新建计算字段"校正利润率"，并在聚合函数中找到函数 Case(Switch)，如图 4-39 所示，双击添加到"新建计算"对话框的编辑框。

图 4-39 在"新建计算"对话框中选择函数 Case（Switch）

分析校正利润率的逻辑关系，如果产品类别为家具产品时，校正利润率 =（利润额 – 运输成本）/ 销售额，否则校正利润率 = 利润额 / 销售额。完成函数 Case(Switch) 输入，为了便于理解，可将函数语句块换行显示，如图 4-40 所示。验证计算后，保存字段。

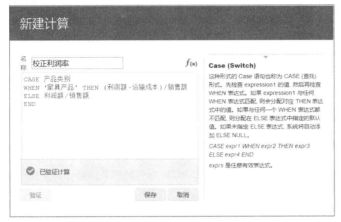

图 4-40　完成函数 Case(switch) 输入

02 可视化分析。

在"销售分析 – 公式与函数"项目中，新建"表达式函数"画布，比较经过校正的利润率和原销售利润率。在"语法"面板上利用表图，将"产品类别"字段、"利润额"字段、"销售额"字段、"销售利润率"字段和"校正利润率"字段设为"行"。在"属性"面板上设置图表标题为"各产品类别利润率"，如图 4-41 所示。为了更清晰对比数据，设置"销售利润率"、"校正利润率"数字格式为"数字"，小数为"0.0001"，如图 4-42 所示，完成后将项目保存。

产品类别	利润额	销售额	销售利润率	校正利润率
办公用品	526,300.91	3,818,329.18	0.1378	0.1378
家具产品	114,490.53	5,282,395.63	0.0217	0.0113
技术产品	908,298.54	6,053,895.45	0.1500	0.1500

图 4-41　各产品类别利润率

图 4-42　销售利润率和
校正利润率数字格式设置

2. Case(if)

功能：这种形式的 Case 语句计算每个 WHEN 条件：

（1）如果符合条件，则分配对应 THEN 表达式中的值。

（2）如果不符合任何一个 WHEN 条件，则分配在 ELSE 表达式中指定的默认值。

（3）如果未指定 ELSE 表达式，系统将自动添加 ELSE NULL。

语法：CASE WHEN request_condition1 THEN expr1 ELSE expr2 END

参数说明：expr 是任意有效表达式。

示例：

CASE

WHEN score–par < 0 THEN 'Under Par'

WHEN score–par = 0 THEN 'Par'

WHEN score–par = 1 THEN 'Bogey'

WHEN score–par = 2 THEN 'Double Bogey'

ELSE 'Triple Bogey or Worse'

 范例 4–12

微 课

范例4–12操
作演示

在"销售分析 – 公式与函数"项目中，创建一个新计算字段"包装大小"，比较各包装大小对运输成本的影响。

在"销售分析 – 公式与函数"项目中，为了更好地考察包装大小对运输成本的影响，将产品包箱进行分类：将巨型纸箱、巨型木箱和大型箱子认定为大包装；将中型箱子认定为中包装；将小型包裹、小型箱子和打包纸袋认定为小包装。可以通过 Case (if) 函数来完成以上分类。

 操作步骤

01 在"新建计算"对话框中输入函数。

在"销售分析 – 公式与函数"项目中，新建计算字段"包装大小"，并在聚合函数中找到函数 Case (if)，如图 4–43 所示，双击添加到"新建计算"对话框的编辑框。

图 4–43　在"新建计算"对话框中选择函数 Case(if)

分析包装大小的逻辑关系，根据函数语法，输入函数参数，完成函数 Case(if) 的输入，为了便于理解，可将函数语句块换行显示，如图 4–44 所示。验证计算后，保存字段。

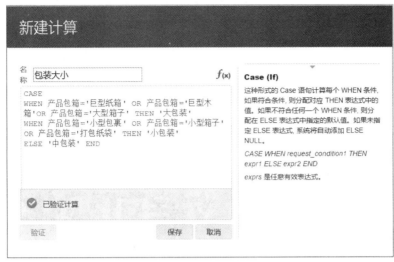

图 4-44　完成函数 Case(if) 输入

02 可视化分析。

在"销售分析 – 公式与函数"项目的"表达式函数"画布的右侧，新建可视化图表比较包装大小和运输成本的关系。在"语法"面板上利用弦图表，将"包装大小"字段设为"类别"，"运输成本"字段设为"颜色（链接）"和"大小（链接）"。在"属性"面板上设置图表标题为"包装大小对运输成本影响"，如图 4-45 所示，完成后将项目保存。从图表中，可以直观地看到，大包装的运输成本最高，小包装其次，中包装最少。

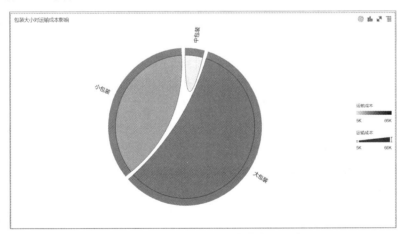

图 4-45　包装大小对运输成本的影响

在完成本章所有范例后，可以在"叙述"中直接构建故事，也可导出项目文件和 pdf 或 pptx 格式的所有画布，为后续的数据报告撰写提供图表依据。

第5章
数据可视化案例

数据可视化的内涵并非只是专业人员才能看得懂的图表,而是要通过形象、生动的数据显示让大众能接受和理解其中要解释的趋势和统计数据。本章将通过一些具体的数据可视化案例来说明。

▍ 5.1 图解中国能源

能源是指能够提供能量的资源,它是整个世界发展和经济增长的最基本驱动力,是人类赖以生存的基础,是各国国民经济的重要物质基础,能源的开发和有效利用程度是各国国力和生产、生活水平的重要标志。

自工业革命以来,能源问题就开始出现。目前,世界人口已经突破60亿,比上个世纪末期增加了2倍多,而能源消耗却增加了16倍多。当前世界能源消费以石油、天然气资源为主,也有部分国家以煤资源为主,按目前的消耗量,专家预测石油、天然气资源最多维持不到半个世纪,煤资源也只能维持一、两个世纪,所以,不管是何种能源结构,人类面临的能源危机都日趋严重,新能源的开发刻不容缓。

在《中华人民共和国节约能源法》中所称能源,是指煤炭、石油、天然气、生物质能和电力、热力以及其他直接或者通过加工、转换而取得有用能的各种资源。下面就来看看我国的能源情况。

5.1.1 数据整理

微 课

能源数据整理

本次关于中国能源的数据均来自国家统计局网上公布的年度数据(http://www.stats.gov.cn/),数据显示了2000年~2018年我国能源生产和消耗总量,以及四类能源(原煤、原油、天然气、新能源)的生产和消耗情况。

把相关数据复制到 Excel 中,如图 5-1 所示,为了便于后续的数据分析,需要把该数据的行列置换,即设置能源种类为列,时间为行。

能源生产数据

时间	2000年	2001年	2002年	2003年	2004年	2005年	2006年	2007年	2008年	2009年	2010年	2011年	2012年	2013年	2014年	2015年	2016年	2017年	2018年
能源生产总量	138570	147425	156277	178299	206108	229037	244763	264173	277419	286092	312125	340178	351041	358784	361866	361476	346037	358500	377000
原煤生产	101017	107031	114238	134972	158085	177274	189691	205526	213058	219719	237839	264658	267493	270523	266333	260986	241534	249516	261261
原油生产	23280	23441	23910	24249	25145	25881	26434	26681	27187	26893	29028	28915	29838	30138	30397	30725	28375	27246	27144
天然气生产	3603	3980	4376	4636	5565	6642	7832	9246	10819	11444	12797	13947	14393	15786	17008	17351	17994	19359	20735
新能源生产	10670	12973	13752	14442	17313	19239	20805	22719	26355	28037	32461	32657	39317	42336	48128	52414	58134	62379	67860

能源消耗数据

时间	2000年	2001年	2002年	2003年	2004年	2005年	2006年	2007年	2008年	2009年	2010年	2011年	2012年	2013年	2014年	2015年	2016年	2017年	2018年
能源消耗总量	146964	155547	169577	197083	230281	261369	286467	311442	320611	336126	360648	387043	402138	416913	425806	429905	435819	448529	464000
原煤消耗	100670	105772	116160	138352	161657	189231	207402	225795	229237	240666	249568	271704	275465	280999	279329	273849	270208	270912	273760
原油消耗	32332	32976	35611	39614	45826	46524	50132	52945	53542	55125	62753	65023	68363	71292	74090	78673	80627	84323	87696
天然气消耗	3233	3733	3900	4533	5296	6273	7735	9343	10901	11764	14426	17804	19303	22096	24271	25364	27021	31397	36192
新能源消耗	10728	13066	13905	14584	17501	19341	21199	23358	26931	28571	33901	32512	39007	42525	48116	52019	57964	61897	66352

图 5-1　能源数据

操作步骤

01 打开"中国能源数据 .xlsx"，选中能源生产数据，复制数据。

02 新建一张工作表，命名为"能源生产数据"。

03 选中 A1 单元格，单击"开始"选项卡"剪贴板"组中的"粘贴"下拉菜单中的"转置"按钮，即可得到转置后的数据，如图 5-2 所示。

04 同样的处理方式，得到的能源消耗数据如图 5-3 所示。

05 完成数据转置后，关闭该 Excel 文件。

	A	B	C	D	E	F
1	时间	能源生产总量	原煤生产	原油生产	天然气生产	新能源生产
2	2000年	138570	101017	23280	3603	10670
3	2001年	147425	107031	23441	3980	12973
4	2002年	156277	114238	23910	4376	13752
5	2003年	178299	134972	24249	4636	14442
6	2004年	206108	158085	25145	5565	17313
7	2005年	229037	177274	25881	6642	19239
8	2006年	244763	189691	26434	7832	20805
9	2007年	264173	205526	26681	9246	22719
10	2008年	277419	213058	27187	10819	26355
11	2009年	286092	219719	26893	11444	28037
12	2010年	312125	237839	29028	12797	32461
13	2011年	340178	264658	28915	13947	32657
14	2012年	351041	267493	29838	14393	39317
15	2013年	358784	270523	30138	15786	42336
16	2014年	361866	266333	30397	17008	48128
17	2015年	361476	260986	30725	17351	52414
18	2016年	346037	241534	28375	17994	58134
19	2017年	358500	249516	27246	19359	62379
20	2018年	377000	261261	27144	20735	67860

图 5-2　转置后的能源生产数据

	A	B	C	D	E	F
1	时间	能源消耗总量	原煤消耗	原油消耗	天然气消耗	新能源消耗
2	2000年	146964	100670	32332	3233	10728
3	2001年	155547	105772	32976	3733	13066
4	2002年	169577	116160	35611	3900	13905
5	2003年	197083	138352	39614	4533	14584
6	2004年	230281	161657	45826	5296	17501
7	2005年	261369	189231	46524	6273	19341
8	2006年	286467	207402	50132	7735	21199
9	2007年	311442	225795	52945	9343	23358
10	2008年	320611	229237	53542	10901	26931
11	2009年	336126	240666	55125	11764	28571
12	2010年	360648	249568	62753	14426	33901
13	2011年	387043	271704	65023	17804	32512
14	2012年	402138	275465	68363	19303	39007
15	2013年	416913	280999	71292	22096	42525
16	2014年	425806	279329	74090	24271	48116
17	2015年	429905	273849	78673	25364	52019
18	2016年	435819	270208	80627	27021	57964
19	2017年	448529	270912	84323	31397	61897
20	2018年	464000	273760	87696	36192	66352
21						

图 5-3 转置后的能源消耗数据

在 Oracle 中创建项目，并将数据导入，整合两张数据表。

🐾 **操作步骤**

01 打开 Oracle，创建项目"图解中国能源"。

02 导入"中国能源数据 .xlsx"，添加两个数据集，分别命名为"能源生产数据"和"能源消耗数据"。

03 切换到"准备"界面中的"数据图表"，整合两个数据集，匹配项为"时间"，如图 5-4 所示。

04 切换到"可视化"界面进行后续的数据分析。

图 5-4 数据整合

5.1.2 能源概况

根据数据，先分析一下我国的能源总量以及四类能源的情况。

1. 能源总量差额

根据每年的能源生产和消耗总量，可以分析我国的能源是否有缺口。

根据可视化分析图表，如图 5-5 所示，利用条形图显示每年的能源生产总量，利用线性图显示每年的能源消耗总量，从中可以看出我国的能源生产总量和消耗总量都是逐年上升的，但是，每年的消耗总量均大于生产总量，也就是说，为了满足能源需求，我国每年都需要进口能源，且进口数量逐年提高。

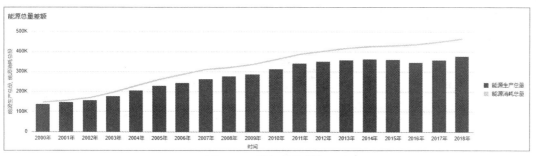

图 5-5　能源总量差额

操作步骤

01　将第一张画布命名为"能源概况"。

02　向画布中添加三个字段数据，"时间"、"能源生产总量"和"能源消耗总量"。

03　在"语法"面板中，设置可视化类型为"组合图"。

04　在"语法"面板中，设置 Y 轴的依据为"能源生产总量"和"能源消耗总量"，X 轴的依据为"时间"。

05　在"语法"面板中，设置 Y 轴中的"能源生产总量"以条形图显示。

06　在"语法"面板中，设置 Y 轴中的"能源消耗总量"以线性图显示。

07　在"属性"面板中，设置该可视化图表的标题为"能源总量差额"。

2. 四类能源的差额

根据获得的数据显示，我国能源主要分为四个大类，原煤、原油、天然气和新能源，在我国能源总量存在缺口的情况下，来比较一下这四类能源的情况。

根据可视化分析图表，如图 5-6 所示，发现四类能源中，新能源基本上能够自给自足，其他三类能源都存在缺口，且缺口逐年加大，其中，缺口最大的是原油。

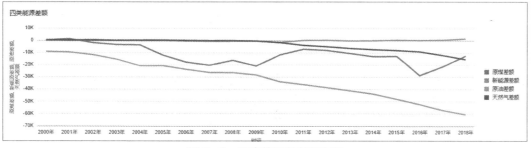

图 5-6　四类能源的差额汇总

🐢 **操作步骤**

01 在"数据"面板中，添加计算字段"原煤差额"，计算公式为：原煤生产 – 原煤消耗，如图 5-7 所示。

02 同样操作，添加计算字段"原油差额"、"天然气差额"和"新能源差额"。

03 在"能源总量差额"可视化图表下方，添加五个字段数据，"时间"、"原煤差额"、"原油差额"、"天然气差额"和"新能源差额"。

04 在"语法"面板中，设置可视化类型为"线形图"。

05 在"语法"面板中，设置 Y 轴的依据为"原煤差额"、"原油差额"、"天然气差额"和"新能源差额"，X 轴的依据为"时间"。

06 在"属性"面板中，设置该可视化图表的标题为"四类能源差额"。

图 5-7　添加计算字段

5.1.3　四类能源生产与消耗比例

微 课

四类能源生产
与消耗比例

根据数据，分析一下我国四类能源生产和消耗比例变化的情况。

1. 每年四类能源生产比例

根据可视化分析图表，如图 5-8 所示，发现我国的能源生产总量是逐年上升的，四类能源中原煤生产量的比例最大，约占总量的四分之三，其余三类能源生产量总计约占四分之一。

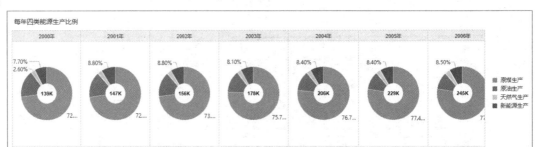

图 5-8　每年四类能源生产比例

🖐 **操作步骤**

01 新建画布，命名为"四类能源生产与消耗比例"。

02 向画布中添加五个字段数据，"时间"、"原煤生产"、"原油生产"、"天然气生产"和"新能源生产"。

03 在"语法"面板中，设置可视化类型为"环形"，设置格状图列的依据为"时间"。设置值的依据为"原煤生产"、"原油生产"、"天然气生产"和"新能源生产"。

04 在"属性"面板中，设置该可视化图表的标题为"每年四类能源生产比例"。

2. 每年四类能源消耗比例

根据可视化分析图表，如图 5-9 所示，发现我国的能源消耗总量是逐年上升的，四类能源中原煤消耗量的比例最大，约占总量的四分之三，其余三类能源消耗量总计约占四分之一。

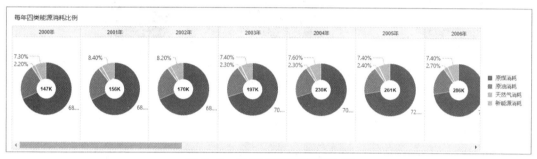

图 5-9　每年四类能源消耗比例

🖐 **操作步骤**

01 选择"每年四类能源生产比例"可视化图表，右击后在弹出的快捷菜单中，选择"编辑"→"重复可视化"命令，复制一个相同的可视化图表。

02 选择下方的可视化图表，在"语法"面板中，设置值的依据为"原煤消耗"、"原油消耗"、"天然气消耗"和"新能源消耗"。

03 在"属性"面板中，设置该可视化图表的标题为"每年四类能源消耗比例"。

3. 筛选

由于数据中包含的年份较多，所以产生的环形图也较多，为了方便比较各个年份的四类能源的比例，选取第一年（2000 年）、中间年份（2009 年）以及最后一年（2018 年）的数据进行比较，根据可视化分析图表，如图 5-10 所示，发现原煤、原油的生产和消耗量的比例都有所下降，而天然气、新能源的生产和消耗量的比例都有所上升。

🖐 **操作步骤**

01 将"时间"字段添加到画布上方的筛选器中。

02 筛选出"2000 年"、"2009 年"和"2018 年"。如需要比较其他年份，也可筛选出其他相应年份数据。

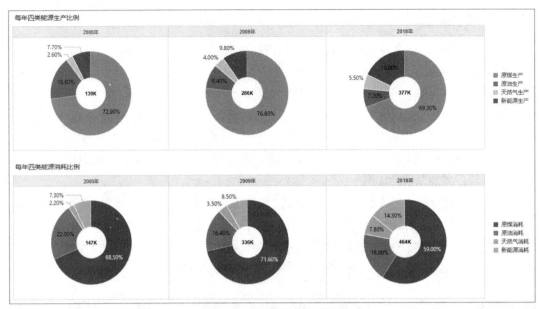

图 5-10　筛选后的可视化图表

5.1.4　叙述

将做好的两张画布添加到叙述中，方便演示，案例效果图如图 5-11 所示。

操作步骤

01 切换到"叙述"界面，依次添加两张画布。

02 单击右上角的"表示"按钮，用于演示。演示结束，可单击右上角的"关闭"按钮 ✕ 退出表示模式，最后，保存并导出该项目文件（包含数据，无需密码），项目文件命名为"图解中国能源 .dva"。

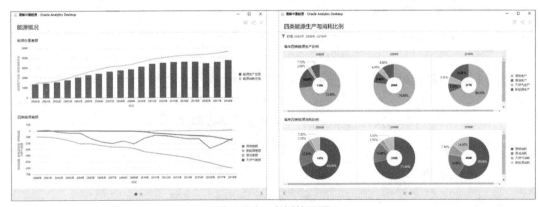

图 5-11　案例效果图

5.2　图解新冠肺炎疫情发展

2020 年，一场疫情在春节期间弥漫开来，被称为新型冠状病毒肺炎（Corona Virus Disease 2019，COVID-19，简称"新冠肺炎"）的疫情发展牵动着全国人民的心，这是一场没有硝烟的战争，使每个人都难以置身事外，疫情发生一个月后，其确诊病例已超 2003 年的"非典"疫情，下面就来看看我国的疫情发展情况。

5.2.1　数据整理

本次关于新冠肺炎疫情发展的数据均来自网络，数据显示了我国各省市地区 2020 年 1 月 24 日~2 月 26 日的疫情情况。

把相关数据复制到 Excel 中，如图 5-12 所示，发现数据中包含一些空行，为了便于后续的数据分析，需要把这些空行删除。

微　课

疫情数据
整理

省份	城市	确诊人数	治愈人数	死亡人数	更新日期	新增确诊人数	新增治愈人数	新增死亡人数
安徽省	安庆	1	0	0	2020年1月24日	1	0	0
安徽省	蚌埠	1	0	0	2020年1月24日	1	0	0
安徽省	亳州	1	0	0	2020年1月24日	1	0	0
安徽省	池州	1	0	0	2020年1月24日	1	0	0
安徽省	滁州	1	0	0	2020年1月24日	1	0	0
安徽省	阜阳	2	0	0	2020年1月24日	2	0	0
安徽省	合肥	6	0	0	2020年1月24日	6	0	0
安徽省	六安	2	0	0	2020年1月24日	2	0	0
北京市	昌平区	3	0	0	2020年1月24日	3	0	0
北京市	朝阳区	5	0	0	2020年1月24日	5	0	0
北京市	大兴区	2	1	0	2020年1月24日	2	1	0
北京市	丰台区	2	0	0	2020年1月24日	2	0	0
北京市	海淀区	6	0	0	2020年1月24日	6	0	0
北京市	石景山	1	0	0	2020年1月24日	1	0	0
北京市	顺义区	1	0	0	2020年1月24日	1	0	0
北京市	通州区	2	0	0	2020年1月24日	2	0	0
北京市	外地来京人员	10	0	0	2020年1月24日	10	0	0
北京市	西城区	4	0	0	2020年1月24日	4	0	0
福建省	福州	5	0	0	2020年1月24日	5	0	0
福建省	宁德	1	0	0	2020年1月24日	1	0	0

图 5-12　新冠肺炎疫情数据

操作步骤

01 打开"新冠肺炎疫情数据 .xlsx"，选中所有数据。

02 单击"开始"选项卡"编辑"组中的"查找和选择"下拉菜单中的"定位条件"按钮，在弹出的"定位条件"对话框中，选择"空值"选项，如图 5-13 所示，然后单击"确定"按钮，即可选中所有空行。

03 在选定的任一空行上，右击后在弹出的快捷菜单中，选择"删除"命令，在弹出的"删除"对话框中，选择"整行"选项，如图 5-14 所示，然后单击"确定"按钮，即可删除所有空行。

图 5-13 "定位条件"对话框

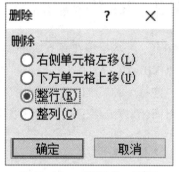

图 5-14 "删除"对话框

在 Oracle 中创建项目,并将数据导入。

操作步骤

01 打开 Oracle,创建项目"图解新冠肺炎疫情发展"。

02 导入"新冠肺炎疫情数据 .xlsx",添加 1 个数据集,命名为"疫情数据"。

03 切换到"可视化"界面进行后续的数据分析。

5.2.2 疫情概况

微 课

疫情概况

根据数据,分析一下我国疫情的总体情况。

1. 疫情人数情况

根据可视化分析图表,如图 5-15 所示,利用磁贴显示我国在 2020 年 1 月 24 日~2 月 26 日期间的疫情人数情况,通过单击上方的日期,可以显示指定日期的新冠肺炎累计确诊人数、治愈人数以及死亡人数。

图 5-15 累计确诊人数、治愈人数以及死亡人数

操作步骤

01 将第一张画布命名为"疫情概况"。

02 为了能够显示每天的疫情人数,在画布中添加"更新日期"字段数据,在"语法"面板中,设置可视化类型为"数据透视表",列的依据为"更新日期",单击"更新日期"可视化图表右上角的菜单,勾选"用作筛选器"选项。

03 在"更新日期"可视化图表下方添加"确诊人数"字段数据,在"语法"面板中,设置可视化类型为"磁贴"。

04 在"确诊人数"可视化图表右侧,添加"治愈人数"字段数据,在"语法"面板中,设置可视化类型为"磁贴"。

05 在"治愈人数"可视化图表右侧,添加"死亡人数"字段数据,在"语法"面板中,设置可视化类型为"磁贴"。

06 在"更新日期"可视化图表中任选一个日期,即可显示当天的疫情情况。

2. 全国疫情地图

利用地图显示我国各个省份在 2020 年 1 月 24 日 ~2 月 26 日期间的疫情确诊人数,区域颜色越深代表确诊人数越多。根据可视化分析图表,发现截止到 2 月 26 日,湖北省累计确诊人数达到了 6 万 5 千多,约占全国总数的 80% 以上,相比较之下,在地图上,除了湖北省的区域颜色较深外,其他省份的数据及其微小,以至于显示的区域颜色几乎一致,无法进行比较。

为了比较各个省份的疫情数据,考虑将最为突出的湖北省排除,从而使各个省份的情况以颜色深浅在地图上体现出来,区域颜色越深代表确诊人数越多。发现截止到 2 月 26 日,区域颜色比较深的河南省、浙江省、广东省以及湖南省的确诊人数较多,均超过了 1 000 人;区域颜色比较浅的青海省和西藏自治区的确诊人数较少,均低于 50 人。

操作步骤

01 在"确诊人数"、"治愈人数"和"死亡人数"可视化图表的下方,添加"省份"和"确诊人数"字段数据。

02 在"语法"面板中,设置可视化类型为"地图",设置类别(位置)的依据为"省份",设置颜色的依据为"确诊人数"。

03 在"属性"面板中,设置背景地图为"Oracle 地图",设置该可视化图表的标题为"全国疫情地图",无图例。

04 选择"全国疫情地图"可视化图表,右击后在弹出的快捷菜单中,选择"编辑"→"重复可视化"命令,复制一个相同的可视化图表,并将复制后的可视化图表放置到"全国疫情地图"可视化图表的右侧。

05 在"语法"面板中,添加"省份"字段数据到筛选器中,排除"湖北省"。

06 在"属性"面板中,设置该可视化图表的标题为"全国疫情地图(除湖北省)"。

5.2.3　部分省份 / 城市排名

根据数据,分析各省份 / 城市的疫情情况,找出确诊人数和未治愈人数最多的省份和城市,以便合理分配医疗资源。

1. 筛选

由于湖北省的疫情情况尤为严重,相较之下,其他省份的疫情微乎其微,但是,为了控制和杜绝疫情,其他省份的防控也不能松懈,故在分析的时候,先将湖北省排除,以便比较

微　课

部分省份/城市排名

其他省份的疫情情况。

操作步骤

01 新建画布，命名为"各省份各城市排名（除湖北省）"。

02 将"省份"字段添加到画布上方的筛选器中。

03 在弹出的筛选框里设置排除"湖北省"，如图 5-16 所示。

注意：

画布最上方的筛选器的应用范围为整个画布，每个可视化图表的"语法"面板中筛选的应用范围为当前图表。

如需显示全部省份的疫情情况，可以在画布最上方的筛选器中设置"禁用筛选器"，如图 5-17 所示。

图 5-16　筛选

图 5-17　禁用筛选器

为了能够显示每天的疫情人数，在画布上方位置添加"更新日期"图表。

操作步骤

01 在画布中添加"更新日期"字段数据。

02 在"语法"面板中，设置可视化类型为"数据透视表"，列的依据为"更新日期"。

03 单击"更新日期"可视化图表右上角的菜单，勾选"用作筛选器"选项。

2. 省份 / 城市数量

先分析一下，每天上报疫情的省份数量和城市数量，如图 5-18 所示。

操作步骤

01 在"数据"面板中添加"省份数量"计算字段，公式为：COUNT(DISTINCT 省份)，如图 5-19 所示。

图 5-18　省份 / 城市数量

图 5-19　"省份数量"计算字段

⑫ 在"数据"面板中添加"城市数量"计算字段，公式为：COUNT(DISTINCT 城市)。

⑬ 在"更新日期"可视化图表的下方，添加"省份数量"字段数据。

⑭ 在"省份数量"可视化图表的下方，添加"城市数量"字段数据。

⑮ 在"更新日期"可视化图表中任选一个日期，即可显示当天的省份 / 城市数量。

注意：

　　COUNT 函数是计算指定字段的行数（空值除外），COUNT(DISTINCT) 函数是计算指定字段中不同值的行数，即相异值的行数。例如：1，1，2，2 四个值，COUNT 函数的计算结果为 4，COUNT(DISTINCT) 函数的计算结果为 2。

3. 各省份 / 城市确诊人数排名

　　分析各省市地区的确诊人数，并显示确诊人数最多的 5 个省份和城市，同时，计算这些省份和城市的治愈比例和死亡比例，如图 5-20 所示。

　　根据可视化图表，发现除湖北省以外，确诊人数最多的 5 个省份为广东省、河南省、浙江省、湖南省和安徽省；确诊人数最多的 5 个城市为温州、深圳、广州、信阳和济宁；5 个省份中，治愈比例差别不大，较高的是河南省；5 个城市中，治愈比例较高的是信阳，济宁则偏低。这些省份 / 城市的死亡比例大致相同，都非常低。

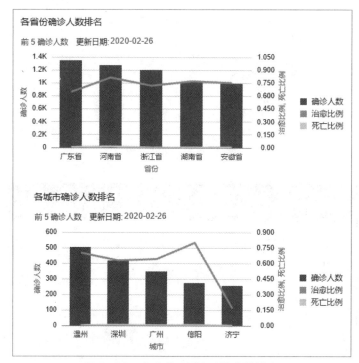

图 5-20　各省份 / 城市确诊人数排名

操作步骤

01　在"数据"面板中添加"治愈比例"计算字段，公式为：治愈人数 / 确诊人数。

02　在"数据"面板中添加"死亡比例"计算字段，公式为：死亡人数 / 确诊人数。

03　在"省份数量"可视化图表的右侧，添加"省份"、"确诊人数"、"治愈比例"和"死亡比例"字段数据。

04　在"语法"面板中，设置可视化类型为"组合图"，设置 Y 轴的依据为"确诊人数"、"治愈比例"和"死亡比例"，X 轴的依据为"省份"。

05　在"语法"面板中，设置 Y 轴中的"确诊人数"以条形图显示，降序排列。

06　在"语法"面板中，设置 Y 轴中的"治愈比例"和"死亡比例"以线性图显示，且数据显示在 Y2 轴上。

07　在"语法"面板中，设置筛选器的依据为"确诊人数"，单击筛选器中"确诊人数"，在弹出的快捷菜单中，设置筛选器类型为"前 / 后 N 个"，修改筛选器属性为"前 5 个"，如图 5-21 所示。

08　在"属性"面板中，设置该可视化图表的标题为"各省份确诊人数排名"，图例显示在右侧。

09　选择"各省份确诊人数排名"可视化图表，右击后在弹出的快捷菜单中，选择"编辑"→"重复可视化"命令，复制一个相同的可视化图表，并将复制后的可视化图表放置到"各省份确诊人数排名"可视化图表的下方。

10 在"语法"面板中，将 X 轴的依据改为"城市"。

11 在"属性"面板中，设置该可视化图表的标题为"各城市确诊人数排名"。

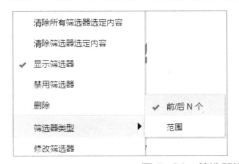

图 5-21　筛选器设置

4. 各省份 / 城市未治愈人数排名

分析各个省份各个城市的未治愈人数，并显示未治愈人数最多的 5 个省份和城市。

根据可视化图表，如图 5-22 所示，发现除湖北省以外，未治愈人数最多的 5 个省份为广东省、山东省、浙江省、安徽省和湖南省，未治愈人数最多的 5 个城市为济宁、深圳、温州、深圳、广州和哈尔滨。

与之前的各省份 / 城市确诊人数相对比，发现确诊人数较多的河南省和信阳，没有列入未治愈排名前 5 的名单里，这可能与其治愈率比较高有关系，而治愈率较低的济宁，在确诊人数城市榜中名列第五，却在未治愈城市排名中名列第一。

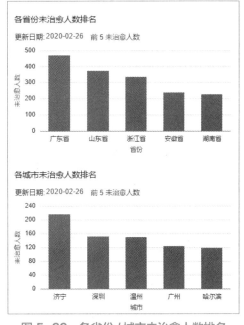

图 5-22　各省份 / 城市未治愈人数排名

(✿) **操作步骤**

01 在"数据"面板中添加"未治愈人数"计算字段，公式为：确诊人数 – 治愈人数 – 死亡人数。

02 选择"各省份确诊人数排名"可视化图表，右击后在弹出的快捷菜单中，选择"编辑"→"重复可视化"命令，复制一个相同的可视化图表，并将复制后的可视化图表放置到"各省份确诊人数排名"可视化图表的右侧。

03 在"语法"面板中，将 Y 轴的依据改为"未治愈人数"，以条形图显示，并降序排列，将筛选器依据改为"未治愈人数"，显示排名前 5 的数据。

04 在"属性"面板中，设置该可视化图表的标题为"各省份未治愈人数排名"，无图例。

05 选择"各省份未治愈人数排名"可视化图表，右击后在弹出的快捷菜单中，选择"编辑"→"重复可视化"命令，复制一个相同的可视化图表，并将复制后的可视化图表放置到"各省份未治愈人数排名"可视化图表的下方。

06 在"语法"面板中，将 X 轴的依据改为"城市"。

07 在"属性"面板中，设置该可视化图表的标题为"各城市未治愈人数排名"。

5.2.4 每日新增情况

截至 2020 年 2 月 26 日，新冠肺炎疫情已持续一个多月，通过每日的新增确诊人数来分析疫情的发展趋势。

1. 每日新增情况（除湖北省）

由于湖北省疫情状态比较特殊，分析的时候可将其排除在外。

根据可视化图表，如图 5-23 所示，发现除湖北省以外，疫情有迅速发展到逐渐好转的趋势。疫情期间，受感染的人数由每日 310 人（1 月 24 日），迅速增加到每日 940 人（2 月 3 日），然后又趋于好转，降低至每日 3 人（2 月 26 日），期间有个小的波动出现在 2 月 21 日，根据相关报道可知，当天为监狱系统爆发疫情，但很快得到控制，没有影响疫情好转的总趋势。

根据可视化图表，还能发现，每日的新增治愈人数逐日上升，且每日的死亡人数基本保持在较低水平。

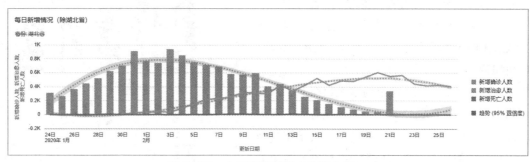

图 5-23　每日新增情况（除湖北省）

操作步骤

01 新建画布，命名为"每日新增情况"。

02 向画布中添加"更新日期"、"新增确诊人数"、"新增治愈人数"和"新增死亡人数"四个字段数据。

03 在"语法"面板中，设置可视化类型为"组合图"，设置值（Y 轴）的依据为"新增确诊人数"、"新增治愈人数"和"新增死亡人数"，设置类别（X 轴）的依据为"更新日期"。

04 设置"新增确诊人数"以条形图显示，"新增治愈人数"和"新增死亡人数"以线型图显示。

05 将"省份"字段添加到画布左侧的筛选器中，在弹出的筛选框里设置排除"湖北省"。

06 在"属性"面板中，设置该可视化图表的标题为"每日新增情况（除湖北省）"，图例显示在右侧。

07 在"属性"面板中，选择"分析"选项卡，添加统计信息（趋势线），设置趋势线方法为"多项式"，其余使用默认设置，如图 5-24 所示。

2. 每日新增情况（湖北省）

根据可视化图表，如图 5-25 所示，发现湖北省疫情有迅速发展到逐渐好转的趋势。疫情期间，由于数据统计标准修改，2 月 13 日，湖北省将一部分疑似病例按照标准核算为确诊病例，造成当日的新增人数暴增，为了不影响总体趋势分析，将该特殊情况排除。

图 5-24　趋势线设置

与图 5-23 相比较，发现，湖北省的每日新增病例、死亡人数等都远远大于其他省份的总和，且其他省份的疫情在 2 月 3 日后趋于好转，而湖北省的疫情直到 2 月 14 日才得到好转。

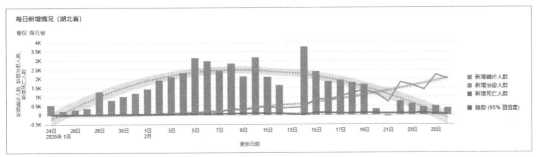

图 5-25　每日新增情况（湖北省）

操作步骤

01 选择"每日新增情况（除湖北省）"可视化图表，右击后在弹出的快捷菜单中，选择"编辑"→"重复可视化"命令，复制一个相同的可视化图表。

02 选择画布下方的可视化图表，在语法面板中，单击筛选器中的"省份"，在弹出的菜单中单击右上角的菜单，选择"包含选定内容"，如图 5-26 所示。

图 5-26　修改筛选器

03 在"属性"面板中，设置该可视化图表的标题为"每日新增情况（湖北省）"。

04 右击 2 月 13 日的条形，在弹出的快捷菜单中选择"删除所选项"命令。

5.2.5 叙述

将做好的三张画布添加到叙述中，方便演示，案例效果图如图 5-27 所示。

操作步骤

01 切换到"叙述"界面，依次添加三张画布。

02 选择"每日新增情况"画布中"每日新增情况（除湖北省）"可视化图表中 2 月 21 日的条形，单击画布上方的"添加注释"按钮，在弹出的注释文本框中输入文本"监狱系统爆发疫情"，文本居中对齐，如图 5-27 所示。

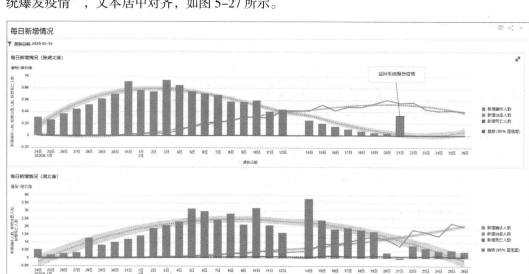

图 5-27 添加注释

03 单击右上角的"表示"按钮，用于演示。演示结束，可单击右上角的"关闭"按钮 ×
退出表示模式，最后保存并导出该项目文件（包含数据，无需密码），将项目文件命名为"图
解新冠肺炎疫情发展 .dva"。

第6章
数据挖掘基础

数据挖掘又称数据库中的知识发现（Knowledge Discover in Database，KDD），是目前人工智能和数据库领域研究的热点问题。所谓数据挖掘是指从数据库的大量数据中揭示隐含的、先前未知的，并有潜在价值的信息的过程。数据挖掘是一种决策支持过程，它主要基于人工智能、机器学习、模式识别、统计学、数据库、可视化技术等，高度自动化地分析数据，做出归纳性的推理，从中挖掘潜在的模式，帮助决策者调整策略，减少风险。

▋ 6.1 数据挖掘概述

人们总是希望能够借助观察事物（获取数据），通过合适的手段（建立统计挖掘模型）来寻找有用的信息，各行各业的人们利用数据挖掘发现了不少有趣的事情，如摩尔定律，每18个月集成电路上可容纳的晶体管数目会增加一倍。德国人发现，温度每上升1℃，啤酒的销量就平均增加230万瓶（啤酒指数）。日本人发现，夏季温度每上升1℃，空调的销量就平均增加30万台（空调指数）。零售业人士发现，在一天中如果最高温度与最低温度相差7℃，当天和前一天的温度相差5℃，且湿度差大于30%，则感冒的人会增加，商家就要考虑把感冒药、温度计和口罩之类的商品增加上架量，并将这些相关商品摆放在显眼的货架上（七五三感冒指数）。还有一个温度与商品的相关关系：温度在24～27℃时，鳗鱼、冷冻食品和防晒乳会卖得很好；温度在22～25℃时，冷饮、冰咖啡和杀虫剂就不可少；至于温度在17～20℃之间时，布丁、沙拉和酸奶则很受欢迎。

6.1.1 数据挖掘的分类

利用数据挖掘进行数据分析常用的方法主要有分类、回归分析、聚类、关联规则、Web页挖掘等，它们分别从不同的角度对数据进行挖掘。

1. 分类

分类是找出数据库中一组数据对象的共同特点并按照分类模式将其划分为不同的类，其目的是通过分类模型,将数据库中的数据项映射到某个给定的类别。它可以应用到客户的分类、客户的属性和特征分析、客户满意度分析、客户的购买趋势预测等,如一个汽车零售商将客户按照对汽车的喜好划分成不同的类,这样营销人员就可以将新型汽车的广告手册直接邮寄到有对应喜好的客户手中,从而大大增加了商业机会。

2. 回归分析

回归分析方法反映的是事务数据库中属性值在时间上的特征,产生一个将数据项映射到一个实值预测变量的函数,发现变量或属性间的依赖关系,其主要研究问题包括数据序列的趋势特征、数据序列的预测以及数据间的相关关系等。它可以应用到市场营销的各个方面,如客户寻求、保持和预防客户流失活动、产品生命周期分析、销售趋势预测及有针对性的促销活动等。

3. 聚类

聚类分析是把一组数据按照相似性和差异性分为几个类别,其目的是使得属于同一类别的数据间的相似性尽可能大,不同类别中的数据间的相似性尽可能小。它可以应用到客户群体的分类、客户背景分析、客户购买趋势预测、市场的细分等。

4. 关联规则

关联规则是描述数据库中数据项之间存在的关系的规则,即根据一个事务中某些数据项的出现可导出另一些数据项在同一事务中也出现,即隐藏在数据间的关联或相互关系。在客户关系管理中,通过对企业的客户数据库里的大量数据进行挖掘,可以从大量的记录中发现有趣的关联关系,找出影响市场营销效果的关键因素,为产品定位、定价与定制客户群,客户寻求、细分与保持,市场营销与推销,营销风险评估和诈骗预测等决策支持提供参考依据。

5. Web 页挖掘

随着 Internet 的迅速发展及 Web 的全球普及,使得 Web 上的信息量无比丰富,通过对 Web 的挖掘,可以利用 Web 的海量数据进行分析,收集政治、经济、政策、科技、金融、各种市场、竞争对手、供求信息、客户等有关的信息,集中精力分析和处理那些重大或潜在重大影响的外部环境信息和内部经营信息,并根据分析结果找出各种存在的问题和可能引起危机的先兆,为决策提供依据。

6.1.2 数据挖掘的步骤

1. 确定业务对象

清晰地定义出业务问题,认清数据挖掘的目的是数据挖掘的重要前提。挖掘的结果是不可预测的,但要探索的问题应是有预见的,只有目标明确才有成功的可能。

2. 数据获取

搜索所有与业务对象有关的内部和外部数据信息,并从中选择适用于数据挖掘应用的数据。

3. 数据的预处理

研究数据的质量,为进一步的分析作准备,并确定将要进行的挖掘操作的类型。将数据转换成一个分析模型,这个分析模型是针对挖掘算法建立的,建立一个真正适合挖掘算法的分析模型是数据挖掘成功的关键。

4.数据挖掘

对所得到的经过转换的数据进行挖掘，以期得到满意的挖掘结果。

5.结果分析

解释并评估结果。

6.知识的同化

将分析所得到的知识集成到业务信息系统的组织结构中。

6.1.3 数据挖掘的应用

目前数据挖掘技术已经深入各行各业，据统计，2018 年需求量最大的 30 个方向如下（信息来源于网络）：

（1）数据统计分析。

（2）预测预警模型。

（3）数据信息阐释。

（4）数据采集评估。

（5）数据加工仓库。

（6）品类数据分析。

（7）销售数据分析。

（8）网络数据分析。

（9）流量数据分析。

（10）交易数据分析。

（11）媒体数据分析。

（12）情报数据分析。

（13）金融产品设计。

（14）日常数据分析。

（15）总裁万事通。

（16）数据变化趋势。

（17）预测预警模型。

（18）运营数据分析。

（19）商业机遇挖掘。

（20）风险数据分析。

（21）缺陷信息挖掘。

（22）决策数据支持。

（23）运营优化与成本控制。

（24）质量控制与预测预警。

（25）系统工程数学技术。

（26）用户行为分析 / 客户需求模型。

（27）产品销售预测（热销特征）。

（28）商场整体利润最大化系统设计。

（29）市场数据分析。

（30）综合数据关联系统设计。

6.1.4 数据挖掘的案例

1. 沃尔玛的购物篮分析

在国内外大小超市中，各个不同类型的商品往往会放在不同的区域，以便顾客能比较方便地找到自己想要的商品，尤其是啤酒和尿布这种看起来"风马牛不相关"的商品，不但会分开摆放，而且，这两个区域（饮品区域和日用品区域）往往相距比较远。但是，全球超市巨头沃尔玛，却将这两种八竿子都打不着的商品放在了一起。沃尔玛之所以会有这样的安排，完全来自于顾客的消费数据，沃尔玛对其顾客的购物数据进行数据挖掘（购物篮分析），想知道顾客经常一起购买的商品有哪些。于是，在对数据进行分析和挖掘后沃尔玛得到一个意外的结论："跟尿布一起购买最多的商品竟是啤酒"。经过实际调查和分析，揭示了美国人的一种行为模式：一些年轻的父亲经常要到超市去买婴儿尿布，而他们中有30%～40%的人，同时也为自己买一些啤酒。于是，沃尔玛在尿布采购区附近也放置一些啤酒，方便顾客购买。这种调整很快收到了成效，沃尔玛吸引了更多的年轻客户，啤酒和尿布的相关产品的销量也大幅提高，有了这次成功的经验，沃尔玛开始通过数据挖掘去更广泛地发现商品之间在销售方面的关联性，使这种数据关系链多样化。现在，人们走入沃尔玛超市，常常会发现在各类商品货架旁边，会有一些相关商品的搭配售卖。比如，在儿童服装区，会看到在货架的旁边挂着一些小玩具，以及供儿童使用的各种日用商品，在食品区也能看到一些纸巾、便利贴、密封条等被摆放在旁边，这样的货物陈列方式，能强化客户的购买欲望，从而增加超市的收益。

2. 亚马逊的购物推荐

在收集、分析、利用数据方面，亚马逊同样是其中的行家里手。

作为一家与信息化距离很近的企业，亚马逊很多年以前就主动收集用户数据，分析用户数据，从中挖掘市场潜力。因为人们在进行网络购物时，首先会搜索并在网上对产品进行详细了解，最后再确定购买什么样的产品，这全过程实际上都已经被亚马逊记录下来了。在获得这些数据之后，亚马逊会把这些用户浏览和购买产品的信息以广告的形式向那些有购买意向的用户推荐，为他们购买产品提供参考，让用户了解其他用户浏览了什么，购买了什么。同时，亚马逊会利用用户数据做一些活动。比如，公司会在网上发布诸如"儿童节到了，你想为孩子准备什么礼物？"的调查，那么参与投票的肯定是有孩子的家庭，亚马逊会针对这些用户推荐当下最受孩子们欢迎的玩具、图书等，甚至亚马逊为了吸引更多的用户，还会推出一些优惠券之类的活动，从中获得用户的喜好。收集到了这些用户数据，亚马逊就会针对他们的喜好推荐合适的产品，以及与他们的喜好有关联的货物，这样不仅能满足客户需求，还能增加销量。比如，客户喜欢休闲类型的哈伦裤，那么亚马逊除了为客户推荐符合他们要求的哈伦裤外，还会推荐一些与哈伦裤相配的鞋子、上衣等，这样既能增加用户的购物体验，也可能促使用户购买与裤子相配的上衣或者鞋子，从而给企业带来额外的销售业绩。

3. Google 的流感预测

谷歌曾经通过大数据在美国公共卫生领域做出过重大贡献，2009 年甲型 H1N1 流感在美国肆虐时，谷歌通过分析 5 000 万条美国人最频繁检索的词条，如咳嗽和发烧应该用哪些药物等，建立了数据模型，并通过这一模型建立起一个比政府更及时有效的检测机制，通过与美国政府已有的原始数据进行比对，提前半个月预测出流感的爆发时间和传播途径。这种工作方式不需要去进行各种社会调查，它是建立在大数据的基础之上的，是一种更有效的预测与指导具体行动的方式。

4. 《纸牌屋》的创作

热门美剧《纸牌屋》(*House of Cards*)就是通过对大数据的分析运用而获得成功的经典范例。让人很难想象的是，制作《纸牌屋》的 Netflix 公司并不是一家影视公司，而是一家纯粹的信息科技公司。Netflix 拥有一个庞大的数据库，每天用户在 Netflix 上将产生高达 3 000 多万个行为、400 万个用户评价、300 万次搜索记录，这些信息都被 Netflix 转化成了数据，成为重要的决策参考依据。此外，Netflix 还对用户的视频浏览行为进行分析，这些浏览行为包括用户看了什么视频，什么时候看视频，在什么地方看视频，在何处暂停，在何处快进，在何处反复观看，给视频评多少分等。通过对用户数据进行挖掘，凯文·史派西、大卫·芬奇和英国老版的《纸牌屋》的受众存在交集，这让 Netflix 公司决心重新翻拍这部经典电视剧，并确定了该剧的导演大卫·芬奇和主演凯文·史派西，剧组甚至为了凯文·史派西进行了长达十个月的等待。通过对大数据的整理分析，Netflix 还得出一个结论，那就是现在的人们追求更加自由自在的生活，不喜欢被电视机传统的播放模式束缚，不喜欢在固定时段一集一集地观看新的剧集，而喜欢由自己去主导，在一个自己有空闲有兴趣的时段，通过计算机、手机等设备一次性看完整个剧集，于是 Netflix 投用户之所好，一口气放出了 13 集。

在吸引用户这方面，Netflix 公司同样有大数据在手，只要将《纸牌屋》的资讯投放给标签为"喜爱凯文·史派西"或"喜爱政治剧"的观众，就能为该剧带来庞大的观剧人群。正是在大数据的帮助下，Netflix 在广告的投放上也做到了快速有效。

6.2 IBM SPSS Modeler 18 简介

IBM SPSS Modeler 是 IBM 开发的一款数据挖掘工具，该软件拥有可视化用户界面，简单易用，且包含多种挖掘算法，可快速建立数据模型，挖掘结果直观易懂，可应用于商业活动，从而改进决策过程，故在数据挖掘领域具有较高的口碑，本书使用其 V18 版本。

IBM SPSS Modeler 在 IBM 产品家族内被定义为实现预测性分析的工具，它将理论算法和程序实现封装起来，通过图形化的"拖拉拽"形式，实现回归、分类、聚类、关联、神经网络、文本分析和地理空间分析等算法，它使晦涩难懂的统计理论和模型算法找到了接地气的方式。

目前，越来越多的企业需要数据分析人员能够准确地应用理论和快捷地使用工具进行商业分析，与理论和编程比起来，对行业和数据的深刻理解更为重要。因此，人们需要把更多的关注点放在业务理解和价值上，而 Modeler 的"简单"恰好形成它独特的优势——尽可能地降低算法的复杂性和操作的烦琐性，让业务以更快的速度通过数据获取到价值。

6.2.1　软件下载与安装

IBM 的官方网站（https://www.ibm.com/cn-zh/analytics/spss-trials）上提供 IBM SPSS Modeler 的下载，有 30 天的免费试用期，如有需要，可购买相关 Licence（许可证）长期使用。

IBM SPSS Modeler 支持在 Windows、Linux 和 Mac OS 操作系统上运行，下载时可选择相关操作系统所对应的安装程序。下载安装程序后，双击即可进行安装，默认的安装目录为 C:\Program Files\IBM\SPSS\Modeler\18.0，用户可以根据需要修改安装目录，考虑到数据挖掘过程中需要消耗的计算机资源较多，故建议安装该程序的计算机内存应大于等于 8 GB，硬盘至少有 20 GB 的可用空间。

6.2.2　软件界面介绍

启动 IBM SPSS Modeler 18（以下简称 Modeler），即可看到其简洁的工作界面，如图 6-1 所示。启动该应用程序可单击"开始"→"所有程序"→"IBM SPSS Modeler 18.0"→"IBM SPSS Modeler 18.0"。

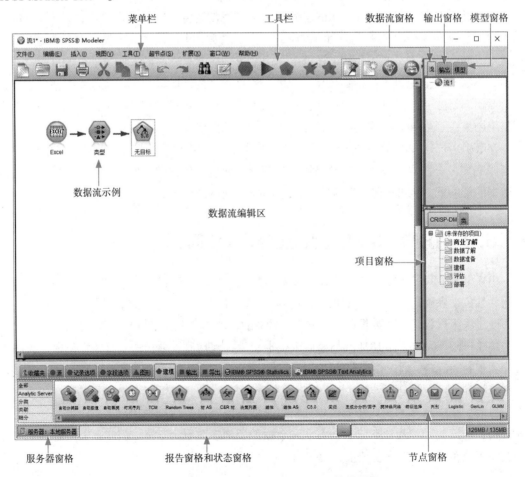

图 6-1　IBM SPSS Modeler 18 软件界面

1. 数据流编辑区

数据流编辑区是软件窗口中的主要工作区域，是构建和运行数据流的区域。

2. 菜单栏

菜单栏中包含该软件使用过程中所要用到的功能项，用户可以根据需要选择相应的功能菜单运行。

3. 工具栏

工具栏中包含常用的功能图标，具体介绍如表 6-1 所示。

表 6-1　工具栏图标介绍

图　标	说　　明	图　标	说　　明	图　标	说　　明
	创建新流		打开流		保存流
	打印流		剪切并保存到剪贴板		复制
	粘贴		撤销上一次操作		重做上一次操作
	搜索节点		编辑流属性		预览运行
	运行当前流		运行选定内容		停止流（仅在流处于运行状态时可见）
	将选定节点分装成超节点		放大超节点		缩小超节点（仅在超节点放大时可见）
	显示/隐藏流标记（如果有）		插入新注释		在 IBM SPSS Modeler Advantage 中打开数据流
	加载 IBM SPSS Text Analytics 编辑模式				

4. 节点窗格

Modeler 中的大部分数据和建模工具都可从应用程序窗口底部的节点窗格中获取。该窗格中按照节点的类型不同划分成多个选项卡，每个选项卡中均包含该类别中的相关节点，如需使用某个节点，只需将该节点拖至编辑区，然后在节点之间创建数据流连接即可。

各选项卡节点功能简介如下：

（1）源：将数据导入 Modeler 中，支持多种格式的数据源，如 Excel 节点可以读取 Excel 文件中的数据等。

（2）记录选项：对数据记录（行）执行操作，如选择、合并等。

（3）字段选项：对数据字段（列）执行操作，如过滤、派生新字段等。

（4）图形：以图形方式显示结果数据，图形包括散点图、直方图、评估图表等。

（5）建模：使用 Modeler 提供的建模算法建立模型，如决策树、关联算法等。

（6）输出：可在 Modeler 中查看数据、图表和模型结果等。

（7）导出：产生可在外部应用程序中查看的各种输出，如 Excel 数据文件等。

（8）IBM SPSS Statistics：从 IBM SPSS Statistics 导入数据或向其导出数据，以及运行 IBM SPSS Statistics 过程。

（9）IBM SPSS Text Analytics：从 IBM SPSS Text Analytics 导入数据或向其导出数据，以及

运行 IBM SPSS Text Analytics 过程。

5. 数据流窗格

显示应用程序已经打开的数据流，在该窗格中可进行多个数据流的切换，也可以对数据流进行重命名、保存、删除等操作。

6. 输出窗格

显示数据流运行后生成的各类结果，如图形、表格等，在该窗格中可以显示、保存、重命名这些生成的结果。

7. 模型窗格

显示数据流运行后生成的模型，在该窗格中可以浏览这些模型，也可以将它们单独保存。

8. 项目窗格

项目管理窗格位于窗口右下角，用于创建和管理数据挖掘项目，在这里用户可以很方便地把相应的项目内容进行归纳管理，这里的项目内容可以是数据流文件、模型、分析结果等，也可以是其他非 Modeler 文件，如 Word 文件等。用户可以通过两种视图来查看在 Modeler 中创建的项目："CRISP-DM"视图和"类"视图。

（1）"CRISP-DM"视图：依据行业认可的非专利方法"跨行业数据挖掘过程标准"来组织项目，该方法可以使用户达到事半功倍的效果。

（2）"类"视图：提供按类别（即按照所创建对象的类别）组织项目的方式，此视图在获取数据、数据流、数据模型的详尽目录时十分有用。

9. 服务器窗格

位于节点窗格的下方左侧，一般来说，默认为"本地服务器"，即为单机版本，如用户需要连接 SPSS Modeler Sever（即服务器端）以获得更多资源，可单击该窗格，在弹出的"服务器登录"对话框中设置需要连接的 SPSS Modeler Sever 的相关属性，如 IP 地址、端口、登录账号、登录密码等。

10. 报告窗格和状态窗格

位于节点窗格的下方右侧，报告窗格提供各种操作的进度反馈，状态窗格提供有关应用程序当前正在执行的操作的信息以及何时需要用户反馈的指示信息。

6.2.3 数据流构建

使用 Modeler 进行数据挖掘主要是构建数据流。其步骤如下：

第一步：将节点添加到编辑区。

第二步：连接节点形成数据流。

第三步：运行数据流。

1. 节点

Modeler 提供以下四种类型的节点：

• 源节点：将数据导入流中，它位于节点工具箱的"源"选项卡中。

• 过程节点：在单个数据记录或字段上执行操作，它位于选项板的"记录选项"和"字段选项"选项卡中。

• 建模节点：使用统计算法创建模型块，它位于节点选项板的"建模"选项卡中。

• 输出节点：为数据、图表和模型结果生成各种输出，它位于节点选项板的"图形"、"输出"和"导出"选项卡中。

用户可以通过以下四种方法将节点添加至编辑区：

（1）双击节点。

（2）将节点拖放到编辑区。

（3）单击节点，然后单击编辑区。

（4）从"插入"菜单中选择合适的节点选项。

将节点添加至编辑区后，双击该节点，或者右击节点，在弹出的快捷菜单中选择"编辑"命令，会显示编辑对话框，在该对话框中可以设置与当前节点有关的属性。

如需从数据流中删除某个节点，可单击该节点并按【Del】键，或者右击该节点，在弹出的快捷菜单中选择"删除"命令。

2. 数据流

连接节点即可形成数据流，节点之间的连接是有方向性的，表示数据从前一个节点流向后一个节点，连接节点以形成数据流的方法有以下三种：

（1）通过双击添加节点并自动连接：这是连接节点最简单的方法，此方法会自动将新添加的节点连接到编辑区中选定的节点。

（2）使用鼠标中键连接节点：在编辑区中，可以使用鼠标中键单击某个节点并将其拖到另一个节点上。如果鼠标没有中键，可以通过按住【Alt】键的同时使用鼠标从一个节点拖动到另一个节点上。

（3）手动连接节点：右击节点，在弹出的快捷菜单中选择"连接"命令，此时，开始节点和光标处将同时显示连接图标↳，然后单击第二个节点，即可连接这两个节点。

3. 注释

如需要在编辑区中添加描述以方便他人理解和使用该数据流，则可以使用注释功能。注释采用文本框的形式，可以是独立的（不附加到任何对象），也可以连接到数据流中的一个或多个节点。独立注释通常用于显示数据流的整体性描述，连接的注释则用于显示某节点的描述。

添加注释可以使用右击，在弹出的快捷菜单中选择"新注释"命令，编辑区会出现一个文本框，在文本框中输入所需的注释后，在编辑区其他任意位置单击即可完成注释的添加，如需修改注释，双击注释即可进入注释编辑状态。

4. 运行

运行数据流的方法有以下三种：

（1）在"工具"菜单中，选择"运行"命令。

（2）在工具栏上单击"运行当前流"按钮，可以运行整个数据流，也可以单击"运行选定内容"按钮，仅运行所选节点所在的数据流。

（3）右击节点，在弹出的快捷菜单中选择"运行"命令。

如需停止数据流的运行，可以单击工具栏中的红色"停止"按钮，也可以在"工具"菜单中选择"停止"命令。

5. 保存

创建数据流后，可以对其进行保存以备日后再次使用。保存数据流的步骤如下：

（1）在"文件"菜单中选择"保存流"命令。

（2）在弹出的"保存"对话框中，浏览将要保存数据流文件的文件夹。

（3）在"文件名"文本框中输入数据流的名称。

（4）单击"保存"按钮。

◄)) 注意:

（1）数据流文件的扩展名为 .str，模型计算结果的扩展名为 .gm，数据表磁盘文件的扩展名为 .cou，数据项目磁盘文件的扩展名为 .cpj。

（2）.str 文件不包含数据源及数据挖掘结果。

（3）.cpj 文件只记录项目中相关数据流的索引，并不存储数据流本身，数据流以 .str 文件单独存储。

6.2.4　模型简介

Modeler 提供各种借助机器学习、人工智能和统计学的建模方法，根据模型的用途可分为以下几个类别：

1. 分类模型

分类模型使用一个或多个输入字段的值来预测一个或多个输出字段（或称为目标字段）的值，相关模型如决策树（如 C&R 树、QUEST、CHAID、C5.0 算法等）、回归（如线性、Logistic、广义线性、Cox 回归算法等）、神经网络、支持向量机和贝叶斯网络。

分类模型可帮助预测未知的结果，如顾客是否会购买特定商品、顾客是否会流失、某交易是否符合某种已知的犯罪模式等，Modeler 提供的分类模型如表 6-2 所示。

表 6-2　分 类 模 型

图　　标	说　　明
	自动分类器节点用于创建和对比二元结果（是或否，流失或不流失等）的若干不同模型，使用户可以选择给定分析的最佳处理方法。由于支持多种建模算法，因此，可以对用户希望使用的方法、每种方法的特定选项以及对比结果的标准进行选择。节点根据指定的选项生成一组模型并根据用户指定的标准排列最佳候选项的顺序
	自动数值节点使用多种不同方法估计和对比模型的连续数字范围结果。此节点和自动分类器节点的工作方式相同，因此，可以选择要使用和要在单个建模传递中使用多个选项组合进行测试的算法。受支持的算法包括神经网络、C&R 树、CHAID、线性回归、广义线性回归以及支持向量机 (SVM)。可基于相关度、相对错误或已用变量数对模型进行对比
	分类和回归 (C&R) 树节点生成可用于预测或分类未来观测值的决策树。该方法通过在每个步骤最大限度降低不纯洁度，使用递归分区来将训练记录分割为组。如果树中某个节点中 100% 的观测值都属于目标字段的一个特定类别，那么该节点将被认定为"纯洁"。目标和输入字段可以是数字范围或分类（名义、有序或标志），所有分割均为二元分割（即仅分割为两个子组）
	QUEST 节点可提供用于构建决策树的二元分类法，此方法的设计目的是减少大型 C&R 树分析所需的处理时间，同时也减少在分类树方法中发现的趋势以便支持允许有多个分割的输入。输入字段可以是数字范围（连续），但目标字段必须是分类，所有分割都是二元的

续表

图　标	说　明
	CHAID 节点使用卡方统计量来生成决策树，以确定最佳的分割。CHAID 与 C&R 树和 QUEST 节点不同，它可以生成非二元树，这意味着有些分割将有多于两个的分支。目标和输入字段可以是数字范围（连续）或分类。Exhaustive CHAID 是 CHAID 的修正版，它对所有分割进行更彻底的检查，但计算时间比较长
	C 5.0 节点构建决策树或规则集。该模型的工作原理是根据在每个级别提供最大信息收获的字段分割样本，目标字段必须为分类字段。允许进行多次多于两个子组的分割
	决策列表节点可标识子组或段，显示与总体相关的给定二元结果的似然度的高低。例如：寻找那些最不可能流失的客户或最有可能对某个商业活动做出积极响应的客户。通过定制段和并排预览备选模型来比较结果，可以将自己的业务知识体现在模型中。决策列表模型由一组规则构成，其中每个规则具备一个条件和一个结果。规则依顺序应用，相匹配的第一个规则将决定结果
	线性回归模型节点基于目标和一个或多个预测变量之间的线性关系预测连续目标
	因子 / 主成分分析节点提供用于降低数据复杂程度的强大数据缩减技术。主成分分析（PCA）可找出输入字段的线性组合，该组合最好地捕获了整个字段集合中的方差，且组合中的各个成分相互正交（相互垂直）。因子分析则尝试识别底层因素，这些因素说明了观测的字段集合内的相关性模式。对于这两种方法，其共同的目标是找到可对原始字段集合中的信息进行有效总结的少量导出字段
	特征选择节点会根据某组条件（如缺失百分比）筛选可删除的输入字段，对于保留的输入，随后将对其相对于指定目标的重要性进行排序
	判别分析所做的假设比 Logistic 回归的假设更严格，但在符合这些假设时，判别分析可以作为 Logistic 回归分析的有用替代项或补充
	Logistic 回归是一种统计方法，可根据输入字段的值对记录进行分类。它类似于线性回归，但采用的是类别目标字段而非数字范围
	"广义线性"模型对一般线性模型进行扩展，这样因变量通过指定的关联函数与因子和协变量线性相关。而且，该模型还允许因变量为非正态分布。它包括统计模型大部分的功能，其中包括线性回归、Logistic 回归、用于计数数据的对数线性模型以及区间删去生存模型
	广义线性混合模型（GLMM）扩展了线性模型，使得目标可以有非正态分布，通过指定的连接函数与因子和协变量线性相关，并且观测值可能相关。广义线性混合模型涵盖了各种模型，从简单线性回归模型到非正态纵向模型数据的复杂多级模型
	使用 Cox 回归节点，可以在已有的检查记录中建立时间事件的生存模型。该模型会生成一个生存函数，该函数可预测在给定时间 (t) 内对于所给定的输入变量值相关事件的发生概率
	使用支持向量机（SVM）节点，可以将数据分为两组，而无须过度拟合。SVM 可以与大量数据集配合使用，如那些含有大量输入字段的数据集
	通过贝叶斯网络节点，可以利用对真实世界认知的判断力并结合所观察和记录的证据来构建概率模型。该节点重点应用了树扩展简单贝叶斯（TAN）和马尔可夫覆盖网络，这些算法主要用于分类问题
	自学响应模型（SLRM）节点可用于构建一个包含单个新观测值或少量新观测值的模型，通过此模型，无须使用全部数据对模型进行重新训练即可对模型进行重新评估
	The k– 最近相邻元素（KNN）节点将新的个案关联到预测变量空间中与其最邻近的 k 个对象的类别或值（其中 k 为整数）。类似个案相互靠近，而不同个案相互远离
	空间 – 时间预测（STP）节点使用包含位置数据、预测输入字段（预测变量）、时间字段和目标字段的数据。每个位置在数据中都有许多行，这些行表示每个预测变量在每个测量时间的值。分析数据后，可以使用该数据来预测分析中使用的形状数据内任意位置处的目标值

2. 关联模型

关联模型用于寻找数据中的隐含模式，如其中一个或多个实体（如事件、购买或属性等）与另一个或多个其他实体是否相关联，数据中的字段既作为输入字段也作为目标字段。

关联模型在预测多个结果时非常有用，如购买了产品 X 的顾客也购买了产品 Y。关联模型可以将特定结论（如购买某些产品的决策）与一组条件关联起来。关联规则算法相对于决策树算法（C 5.0 等）的优势在于，它可以找到任何实体间存在的关联。决策树算法只使用单一结论来构建规则，而关联算法则试图找到更多规则，且每个规则具有不同的结论。Modeler 提供的关联模型如表 6-3 所示。

表 6-3　关 联 模 型

图　标	说　明
	Apriori 节点提供五种选择规则的方法并使用复杂的索引模式来高效地处理大数据集。对于较大的问题，Apriori 训练的速度通常较快；它对可保留的规则数量没有任何限制，而且可处理最多带有 32 个前提条件的规则。它要求输入和输出字段均为分类型字段
	CARMA 节点在不要求用户指定输入或目标字段的情况下从数据抽取一组规则。与 Apriori 不同，CARMA 节点提供构建规则设置（前项和后项支持），而不仅仅是前项支持，这就意味着生成的规则可以用于更多应用程序
	序列节点可发现连续数据或与时间有关的数据中的关联规则。序列是一系列可能会以可预测顺序发生的项目集合。例如：一个购买了剃刀和须后水的顾客可能在下次购物时购买剃须膏。序列节点基于 CARMA 关联规则算法，该算法使用一个有效的两次传递方法查找序列
	关联规则节点与 Apriori 节点类似，但是，与 Apriori 不同的是：关联规则节点能够处理列表数据，另外，关联规则节点可以与 IBM SPSS Analytic Server 配合使用，以处理大型数据以及具有更快的并行处理功能

3. 细分模型

细分模型（又称"聚类模型"）将数据划分为具有类似输入字段模式的记录段或聚类。细分模型只对输入字段感兴趣，没有输出或目标字段的概念。在不知道特定结果的情况下，如需要识别新犯罪模式或在客户群中识别利益群体时，细分模型非常有用。细分模型主要用来确定相似记录的组并根据它们所属的组来为记录添加标签。Modeler 提供的关联模型如表 6-4 所示。

表 6-4　细 分 模 型

图　标	说　明
	自动聚类节点估算和比较识别具有类似特征记录组的聚类模型。节点工作方式与其他自动建模节点相同，可在一次建模运行中即可试验多个选项组合。模型可使用基本测量进行比较，以尝试过滤聚类模型的有效性以及对其进行排序，并提供一个基于特定字段的重要性的测量
	K-Means 节点将数据集聚类到不同分组（或聚类）。此方法将定义固定的聚类数量，将记录迭代分配给聚类，以及调整聚类中心，直到进一步优化无法再改进模型。K-Means 节点作为一种非监督学习机制，它并不试图预测结果，而是揭示隐含在输入字段集中的模式
	Kohonen 节点会生成一种神经网络，此神经网络可用于将数据集聚类到各个差异组。此网络训练完成后，相似的记录应在输出映射中紧密地聚集，差异大的记录则应彼此远离。可以通过查看模型块中每个单元所捕获观测值的数量来找出规模较大的单元
	TwoStep 节点使用二阶聚类方法。第一步完成简单数据处理，以便将原始输入数据压缩为可管理的子聚类集合；第二步使用层级聚类方法将子聚类一步一步合并为更大的聚类。TwoStep 具有一个优点，就是能够为训练数据自动估计最佳聚类数。它可以高效处理混合的字段类型和大型的数据集
	Anomaly Detection 节点确定不符合"正常"数据格式的异常观测值（离群值）。即使离群值不匹配任何已知格式或用户不清楚自己的查找对象，也可以使用此节点来确定离群值

▌6.3　数据整理

在数据整理阶段，需要整合不同的数据源，然后，筛选、清洗、重构数据，生成能够满足数据挖掘需要的原材料，在数据挖掘行业内有一个段子：在一个项目里 60% 的精力都用于数据整理，而剩下 40% 的精力呢？其实只有 10% 才是做建模分析，还有 30% 的精力都是用来"吐槽"数据质量的。因此，数据整理阶段是十分重要的，没有好的原材料就不可能得到好的数据挖掘的结果。

6.3.1　数据的属性

当数据导入后，Modeler 会自动为每个字段设置数据类型，不同的数据类型，其后续的操作也有所不同。在 Modeler 中，数据会被分为以下七种类型，如表 6-5 所示。

表 6-5　数 据 类 型

类　型	说　明
⚡ <缺省>	数据类型不确定
⬦ 连续	数据为数值
🎱 分类	数据为字符串
⚫ 标记	数据具有两个不同值，如是 / 否、0/1、男 / 女等
⬤ 名义	数据具有多个不同值，如优 / 良 / 中 / 差、已婚 / 未婚 / 离异等
📊 有序	数据有固定的顺序，如 1/2/3，2/4/6 等
▨ 无类型	包含的分类值太多（>250 个），Modeler 会将该数据设置为"无类型"，且角色也会设置为"无"

6.3.2　数据的角色

数据的角色就是指定数据在参与数据挖掘时的用途，如在建模前指定该数据为输入还是目标等。在 Modeler 中，数据的角色有以下八种，如表 6-6 所示。

表 6-6　数 据 角 色

角　色	说　明
↘ 输入	输入数据
◎ 目标	目标数据，一般为标记、名义或分类字段
◉ 任意	既是输入数据又是目标数据
⊘ 无	不做任何用途
▤ 分区	可划分为训练样本、测试样本和验证样本
▦ 拆分	仅用于标记、名义和有序类型数据，建模时可为拆分的每个值分别建立一个模型
⚖ 频率	仅用于连续类型数据，作为频率权重因子
🆔 记录标识	作为样本标志

6.3.3　数据的导入

Modeler 支持多种格式的数据导入，如文本文件、Excel 文件、数据库文件等，数据导入可使用"源"节点，由于不同文件存储数据的格式也有所不同，故导入数据时，用户需要根据文件的类型选择相应的"源"节点。

1. 导入文本文件

在 Modeler 中导入文本文件中的数据，可使用"源"节点中的"变量文件"节点。

将"变量文件"节点添加至编辑区，双击该节点，在弹出的对话框中设置其属性，如图 6-2 所示。

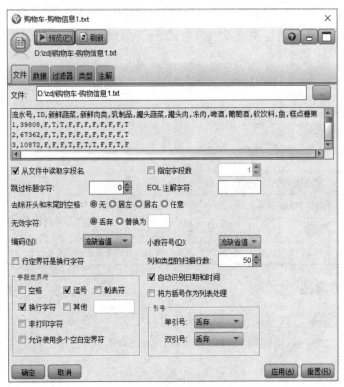

图 6-2　导入文本文件

相关属性设置如下：

（1）文件：设置需要导入的文件路径和名称。

（2）从文件中读取字段名：设置数据文件中的第一行是否为字段名称（列标题），如无字段名称，Modeler 将为字段自动添加名称。

（3）指定字段数：设置需要导入的字段数量，默认情况下，导入所有字段。

（4）跳过标题字符：如数据文件第一行前有多余字符，可使用该设置忽略这些字符（即不导入这些字符）。

（5）EOL 注解字符：如数据文件中包含注释之类的字符，可使用该设置忽略这些字符。

（6）无效字符：无效字符指空字符或者指定编码中不包含的字符，可使用该设置忽略这些字符或者统一替换为指定字符。

（7）行定界符是换行字符：设置一行为一条记录。

（8）字段定界符：设置字段与字段之间的分隔符，可以是空格、逗号、制表符等，也可以是用户指定的某个字符。

（9）预览：查看已设置导入的数据是否符合用户的需求。

（10）刷新：当数据源中的数据有修改时，可使用该按钮重新读取源数据。

（11）确定：全部设置完成后，可使用该按钮保存设置。

2. 导入 Excel 文件

在 Modeler 中导入 Excel 文件中的数据，可使用"源"节点中的"Excel"节点。

将"Excel"节点添加至编辑区，双击该节点，在弹出的对话框中设置其属性，如图 6-3 所示。

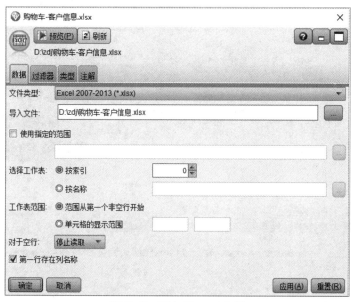

图 6-3　导入 Excel 文件

相关属性设置如下：

（1）文件类型：可设置为"*.xlsx"或者"*.xls"文件。

（2）导入文件：设置需要导入的文件路径和名称。

（3）选择工作表：如文件中包含多个数据表，则可设置导入的是哪个数据表，默认情况下，导入第 1 个工作表。

（4）工作表范围：可设置导入的数据范围，默认情况下，导入当前指定工作表中的所有数据。

（5）对于空行：如工作表中存在空行，则可设置"停止读取"（即空行及其后续数据不再导入），也可设置"返还空白行"（即添加一行空白行，继续导入后续数据）。

（6）第一行存在列名称：设置数据文件中的第一行是否为字段名称（列标题），如无字段名称，Modeler 将为字段自动添加名称。

（7）预览：查看已设置导入的数据是否符合用户的需求。

（8）刷新：当数据源中的数据有修改，可使用该按钮重新读取源数据。

（9）确定：全部设置完成后，可使用该按钮保存设置。

3. 导入数据库文件

在 Modeler 中导入数据库文件中的数据，可使用"源"节点中的"数据库"节点。

"数据库"节点支持多种格式的数据库文件，如 Access、SQL Server、Oracle 等，在使用该节点前需要配置 Windows 的 ODBC 数据源（Open Database Connectivity，开放数据库互连），配置步骤如下：

第一步，打开 ODBC 数据源管理程序，如图 6-4 所示，在"系统 DSN"选项卡中单击"添加"按钮，在弹出的"创建数据源"对话框中选择数据库驱动，以 Access 数据库为例，可选择"Microsoft Access Driver（*.mdb,*.accdb）"，然后单击"确定"按钮。

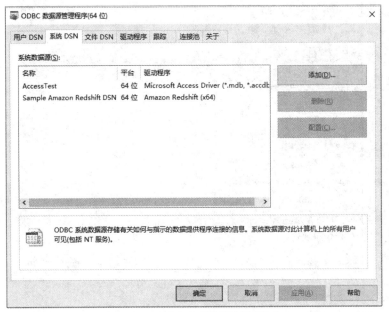

图 6-4　ODBC 数据源管理程序

第二步，在弹出的"ODBC Microsoft Access 安装"对话框中，设置数据源的名称，如图 6-5 所示。例如：数据源名为"AccessTest"，单击"选择"按钮，设置需要导入的数据库文件路径和名称。

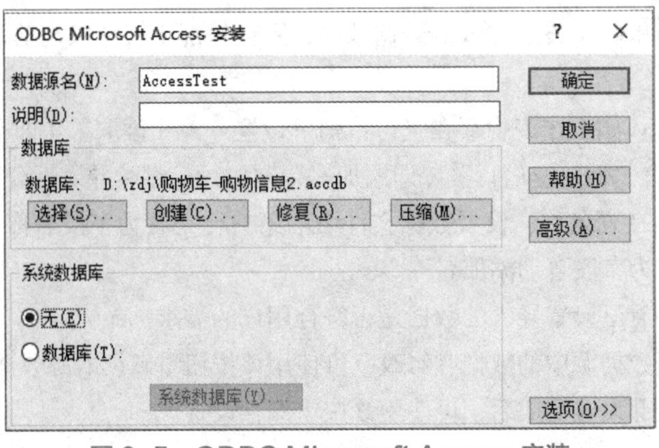

图 6-5　ODBC Microsoft Access 安装

第三步，在"ODBC Microsoft Access 安装"对话框中单击"高级"按钮，在弹出的"设置高级选项"对话框中，设置登录名和密码，如图 6-6 所示，单击"确定"按钮保存设置。

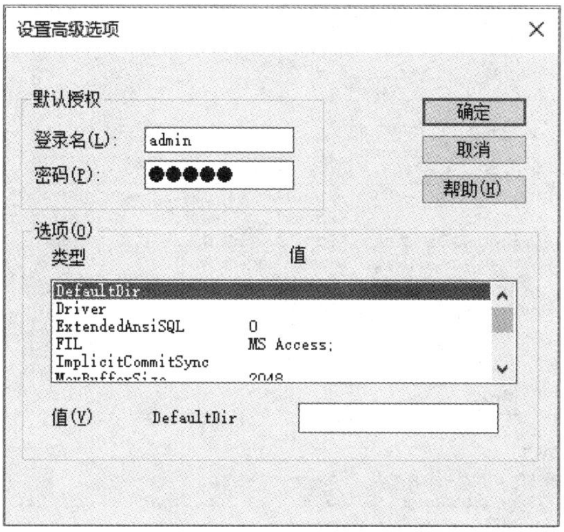

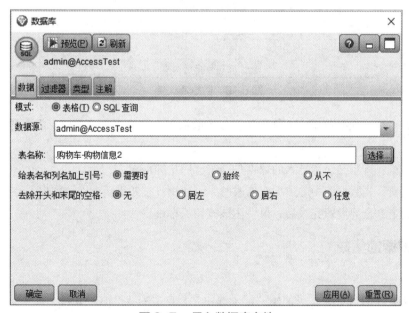

图 6-6　设置高级选项

第四步，ODBC 设置完成后，将"数据库"节点添加至编辑区，双击该节点，在弹出的"数据库"对话框中设置其属性，如图 6-7 所示。

图 6-7　导入数据库文件

相关属性设置如下：

（1）模式：设置数据源是数据库文件中的数据表还是 SQL 语句。

（2）数据源：设置需要导入的数据源，单击"添加新数据库连接"，在弹出的"数据库连接"对话框中选择 ODBC 中设置的数据源，如 AccessTest，输入登录的用户名和密码，单击

"连接"按钮，当"连接："选择框中出现相应数据源后，单击"确定"按钮保存设置，如图6-8所示。

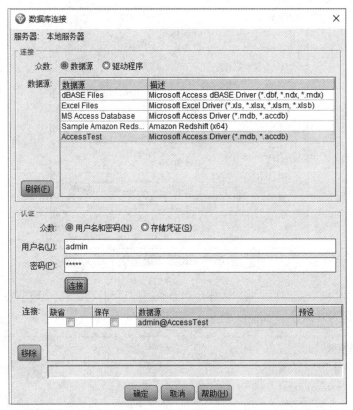

图 6-8　数据库连接

（3）表名称：如果数据库文件中包含多个数据表，可使用该设置指定需要导入的是哪个数据表。

（4）预览：查看已设置导入的数据是否符合用户的需求。

（5）刷新：当数据源中的数据有修改时，可使用该按钮重新读取源数据。

（6）确定：全部设置完成后，可使用该按钮保存设置。

6.3.4　数据的集成

1. 追加

在 Modeler 中合并记录，可使用"记录选项"节点中的"追加"节点。

将"追加"节点添加至编辑区，连接需要合并的源节点，双击该节点，在弹出的"追加"对话框中设置其属性，如图6-9所示。

2. 合并

在 Modeler 中合并字段，可使用"记录选项"节点中的"合并"节点。

将"合并"节点添加至编辑区，连接需要合并的源节点，双击该节点，在弹出的"合并"对话框中设置其属性，合并方法设置为"关键字"，可用的关键字设置为"ID"，如图6-10所示。

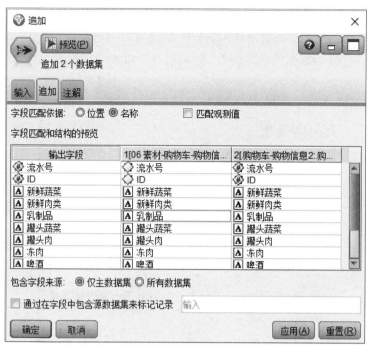

图 6-9　数据的追加

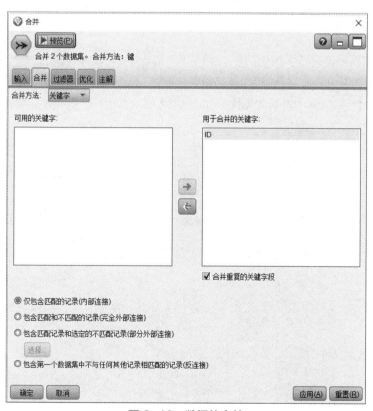

图 6-10　数据的合并

3. 删除字段

在 Modeler 中删除字段，可使用"字段选项"节点中的"过滤器"节点。

将"过滤器"节点添加至编辑区，双击该节点，在弹出的"过滤器"对话框中设置其属性，如图 6-11 所示。

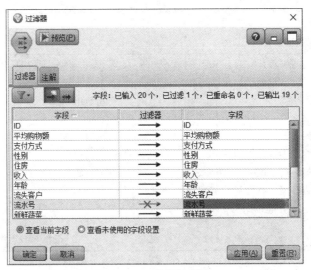

图 6-11　数据的删除

6.3.5　数据的导出

数据导出之前需要进行实例化，将"字段选项"节点中的"类型"节点添加至编辑区，然后，将"导出"节点中的"Excel"节点添加至编辑区，并与"类型"节点相连接，双击"Excel"节点，在弹出的"Excel"对话框中设置其属性，如图 6-12 所示，运行该数据流，将会在指定的文件夹中生成一个 Excel 数据文件。

图 6-12　数据的导出

范例 6-1

将三种不同格式的数据源汇总到一起，形成一个数据源文件（见图 6-13）。

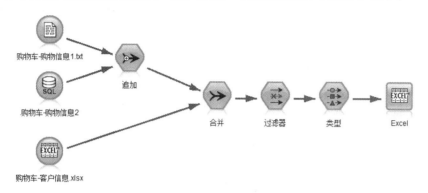

图 6-13 习题数据流

操作步骤

01 新建一个数据流文件，命名为"数据整理 .str"。

02 导入三个数据源"购物车 – 购物信息 1.txt"、"购物车 – 购物信息 2.accdb"和"购物车 –客户信息 .xlsx"。

03 将三个导入的数据合并在一起，并删除"流水号"字段。

04 导出整理后的数据，命名为"购物车 .xlsx"。

6.4 数据建模——决策树

决策树是一个数据挖掘模型，它代表的是对象与对象值之间的一种映射关系。树中每个节点表示一个对象，而每个分叉路径则代表某个可能的对象值，每个叶节点则对应从根节点到该叶节点所经历的路径所表示的对象的值。数据挖掘中决策树模型是一种非常实用的模型，可以用于预测，也可以用来绘制用户画像。

6.4.1 决策树案例

范例 6-2

根据以往病患用药的情况，预测新的病患使用何种处方药比较有效。

数据源为"决策树 .xlsx"，包含 6 个字段、200 条数据，表结构如表 6-7 所示，数据示例如图 6-14 所示。

表 6-7 表 结 构

数 据 字 段	描 述
年龄	病患年龄
性别	M（男）或 F（女）

续表

数 据 字 段	描　　述
BP（血压）	血压：高、正常或低
Cholesterol（胆固醇）	血胆固醇：正常或高
Na_to_K	血液中钠与钾的浓度比例
Drug	对患者有效的处方药

	A	B	C	D	E	F
1	Age	Sex	BP	Cholesterol	Na_to_K	Drug
2	23	F	HIGH	HIGH	25.355	drugY
3	47	M	LOW	HIGH	13.093	drugC
4	47	M	LOW	HIGH	10.114	drugC
5	28	F	NORMAL	HIGH	7.798	drugX
6	61	F	LOW	HIGH	18.043	drugY
7	22	F	NORMAL	HIGH	8.607	drugX
8	49	F	NORMAL	HIGH	16.275	drugY
9	41	M	LOW	HIGH	11.037	drugC
10	60	M	NORMAL	HIGH	15.171	drugY
11	43	M	LOW	NORMAL	19.368	drugY
12	47	F	LOW	HIGH	11.767	drugC
13	34	F	HIGH	NORMAL	19.199	drugY
14	43	M	LOW	HIGH	15.376	drugY
15	74	F	LOW	HIGH	20.942	drugY
16	50	F	NORMAL	HIGH	12.703	drugX
17	16	F	HIGH	NORMAL	15.516	drugY
18	69	M	LOW	NORMAL	11.455	drugY
19	43	M	HIGH	HIGH	13.972	drugA
20	23	M	LOW	HIGH	7.298	drugC

图 6-14　数据示例

　　经过决策树建模得到相应模型，如图 6-15 所示，决策树的树状结构如图 6-16 所示。从图中可知，对于新的病患来说，使用何种处方药影响因子最大的是血液中钠与钾的浓度比例，其次是血压、胆固醇和年龄，而性别在此不作为影响因子，相应的决策规则有：

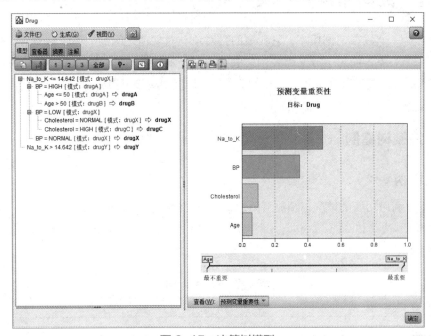

图 6-15　决策树模型

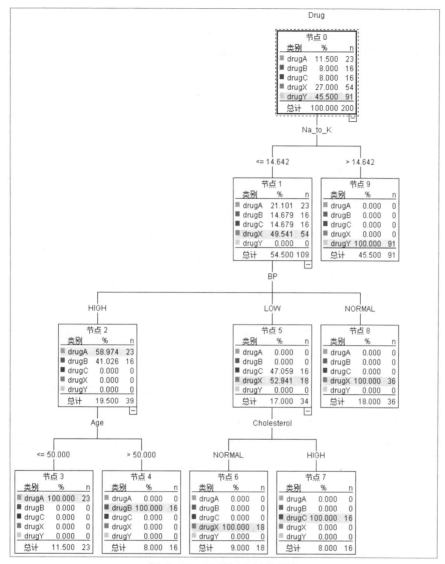

图 6-16 决策树之树状结构

- 钠与钾的浓度比例 <=14.642，血压为"高"，年龄 <=50，建议使用处方药 A。
- 钠与钾的浓度比例 <=14.642，血压为"高"，年龄 >50，建议使用处方药 B。
- 钠与钾的浓度比例 <=14.642，血压为"低"，胆固醇为"正常"，建议使用处方药 X。
- 钠与钾的浓度比例 <=14.642，血压为"低"，胆固醇为"高"，建议使用处方药 C。
- 钠与钾的浓度比例 <=14.642，血压为"正常"，建议使用处方药 X。
- 钠与钾的浓度比例 >14.642，建议使用处方药 Y。

操作步骤

01 将"源"选项卡中的"Excel"节点添加至编辑区，双击该节点，在弹出的对话框中设置"导入文件"的路径和文件名，如图 6-17 所示然后，单击"确定"按钮，退出该对话框。

图 6-17　导入数据

02 将"输出"选项卡中的"表格"节点添加至编辑区,与"Excel"源节点连接形成数据流。运行该数据流即可查看从数据源导入的数据。

03 将"字段选项"选项卡中的"类型"节点添加至编辑区,与"Excel"源节点连接形成数据流。

04 双击"类型"节点,在弹出的"类型"对话框中设置"Drug"字段的角色为"目标",其余字段的角色为"输入",然后,单击"确定"按钮退出该对话框,如图 6-18 所示。

图 6-18　"类型"对话框

05 将"建模"选项卡中的"C 5.0"节点添加至编辑区,与"类型"节点连接形成数据流。

06 运行该数据流,得到决策树模型。

07 在"模型"窗格中,右击该模型,在弹出的快捷菜单中选择"浏览"命令,即可查看得到的决策树,如图 6-15 所示,单击"查看器"可查看模型的树状结构,如图 6-16 所示。

08 将数据流保存为"决策树 .str",数据流如图 6-19 所示。

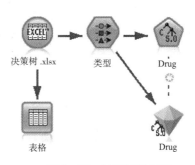

图 6-19 决策树数据流

6.4.2 用户画像案例

用户画像,即按人口统计学方式,如按年龄、收入等刻画其特征的相关人群,本案例使用某超市的购物者信息,寻找其流失客户的特征,从而找出可能会流失的客户,并针对这类客户群制定个性化的促销活动,以减少客户流失从而提高销售量。

 范例 6-3

数据源为"购物车 .xlsx",包含 19 个字段、1 002 条记录,数据示例如图 6-20 所示。

	A	B	C	D	E	F	G	H	I	J	K	L	M	N	O	P	Q	R
1	ID	平均购物额	支付方式	性别	住房	收入	年龄	流失客户	新鲜蔬菜	新鲜肉类	乳制品	罐头蔬菜	罐头肉	冻肉	啤酒	葡萄酒	软饮料	鱼
2	10150	41	CARD	F	NO	10700	36	F	F	F	F	F	F	T	F	T	F	F
3	10236	42	CASH	F	YES	17700	44	F	F	F	F	F	T	T	F	T	F	F
4	10360	27	CHEQUE	M	NO	13400	20	F	F	F	F	F	F	F	T	T	T	F
5	10451	15	CHEQUE	F	NO	12500	19	T	F	F	F	F	T	T	F	F	F	F
6	10609	14	CHEQUE	F	NO	16700	41	F	F	F	F	F	F	F	T	F	F	F
7	10614	19	CASH	M	NO	25900	25	F	F	F	F	F	F	F	F	F	F	F
8	10645	18	CARD	M	YES	13300	20	T	F	T	F	T	F	F	F	F	F	F
9	10871	47	CARD	M	NO	18900	23	F	T	F	F	F	F	F	F	F	T	F
10	10872	21	CASH	F	NO	13200	36	F	F	F	F	F	F	T	F	F	F	F
11	10902	27	CARD	M	NO	25300	47	F	F	F	F	T	F	T	F	F	F	F
12	10915	12	CARD	F	NO	13500	22	F	F	F	T	F	T	F	F	T	F	F
13	10944	45	CARD	M	NO	10500	46	T	F	T	F	T	F	T	F	T	F	F
14	10987	38	CASH	F	YES	29300	21	F	F	F	F	F	F	F	F	T	F	F
15	11119	29	CHEQUE	F	YES	12000	27	F	F	F	F	F	F	F	F	F	T	F
16	11220	24	CARD	M	YES	11400	27	F	F	F	F	F	F	F	F	F	F	F
17	11230	46	CASH	M	NO	24400	42	F	F	T	F	F	F	F	F	F	F	F
18	11236	43	CARD	M	YES	26800	34	F	F	F	F	F	F	F	F	F	F	F
19	11241	34	CHEQUE	M	NO	13500	22	F	T	T	F	F	F	T	F	F	F	F
20	11357	11	CASH	F	NO	23100	26	F	F	F	F	F	F	T	F	F	F	F
21	11552	15	CASH	M	NO	20200	37											

图 6-20 数据示例

微 课 ●

范例6-3操作演示

经过决策树建模得到相应模型,如图 6-21 所示,决策树的树状结构如图 6-22 所示。从图中可知,流失客户的最主要的特征为收入,其次是性别、年龄和住房,相应的特征有以下两个:

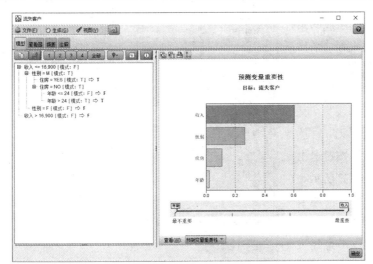

图 6-21 用户画像模型

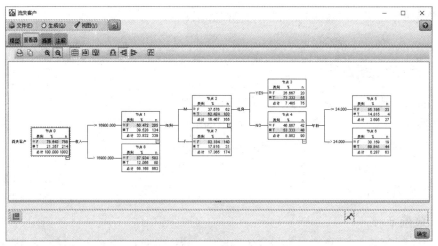

图 6-22　用户画像之树状结构

特征一：收入 <=16 900，男性，有住房。

特征二：收入 <=16 900，男性，无住房，年龄 > 24。

操作步骤

01 将"源"选项卡中的"Excel"节点添加至编辑区，双击该节点，在弹出的对话框中设置"导入文件"的路径和文件名，然后，单击"确定"按钮退出该对话框。

02 将"字段选项"选项卡中的"类型"节点添加至编辑区，与"Excel"源节点连接形成数据流。

03 双击"类型"节点，在弹出的"类型"对话框中设置"流失客户"字段的角色为"目标"，设置"平均购物额""支付方式""性别""住房""收入""年龄"字段的角色为"输入"，其余字段的角色为"无"，然后，单击"确定"按钮退出该对话框，如图6-23所示。

04 将"建模"选项卡中的"C 5.0"节点添加至编辑区，与"类型"节点连接形成数据流。

图 6-23　"类型"对话框

05 运行该数据流，得到决策树模型。

06 在"模型"窗格中，右击该模型，在弹出的快捷菜单中选择"浏览"命令，即可查看得到的决策树，如图 6-21 所示，单击"查看器"可查看模型的树状结构，如图 6-22 所示。

07 将数据流保存为"用户画像 .str"，数据流如图 6-24 所示。

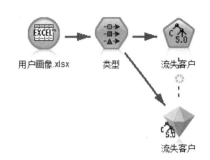

图 6-24　用户画像数据流

6.5　数据建模——关联分析

关联规则是指多个对象之间的形如 A → B 的关系，即 A 的发生会引起 B 的发生，其中，A 称为关联规则的先导，B 称为关联规则的后继。关联规则 A → B，存在其支持度和信任度。

6.5.1　关联参数

关联规则中几个重要的参数：

（1）项集（Itemset）：是一组数据项，每个项集可包含一个或多个数据项，如蛋糕、饮料和水果等，每个数据项可以有相应的属性值，如年龄为 20、性别为男等，每个项集都有大小要求，该大小表示项集中所能包含的数据项的数目，如项集"蛋糕、饮料和水果"的大小为 3。

（2）频繁项集是在数据集中出现频率比较高的那些项集，项集出现频率的阈值是用"支持度"来表示的。

（3）支持度（Support）：支持度用来度量一个项集的出现频率。项集（A，B）的支持度是指同时包含 A 和 B 的项集的总个数。公式：Support（A,B）=Num（A,B）/Num（All），最小支持度是一个阈值参数，一般设置为 10%，数据建模之前可根据需要修改该参数。

（4）置信度（Confidence）：在先决条件 A 发生的情况下，B 发生的概率。公式：Confidence（A → B）=Num（A,B）/Support（A），最小置信度是一个阈值参数，一般设置为 80%，数据建模之前可根据需要修改该参数。

（5）增益（Importance）：又称提升度（Lift），表示在先决条件 A 发生的情况下，B 发生的概率，与在先决条件 A 不发生的情况下，B 发生的概率的比例。公式：Importance（A → B）= Num（B|A）/Num（B|not A），如果 Importance=1，则 A 和 B 是独立的项，它表示购买 A 和购买 B 是两个独立的事件；如果 Importance<1，则 A 和 B 是负相关的，当 A 发生时，B 发生的概率会下降，这表示如果一个客户购买了 A，那他购买 B 的可能较小；如果 Importance>1，则 A 和 B 是正相关的，当 A 发生时，B 发生的概率会上升，这表示如果一个客户购买了 A，那他也有可能购买 B。

案例 6-1

已知有 1 000 名顾客购买商品，分为甲乙两组，每组各 500 人，购买情况如表 6-8 所示。

分析购买茶叶和购买咖啡之间是否有关联。

表 6-8　购买人数统计表

组　别	购买茶叶的人数	购买咖啡的人数
甲组：500 人	500	450
乙组：500 人	0	450

关联分析如下：

支持度（茶叶→咖啡）：450/1000=45%。

置信度（茶叶→咖啡）：450/500=90%。

增益（茶叶→咖啡）：（450/500）/（450/500）=90%/90%=1。

 结论

虽然支持度和置信度都很高，符合关联规则，但是增益为 1，表示购买茶叶和购买咖啡是相互独立的事件。

 案例 6-2

已知有 1 000 名顾客购买商品，其中 600 名顾客购买了手机，750 名顾客购买了平板电脑，400 名顾客同时购买了这两种商品，没够买手机的客户中有 300 人购买了平板电脑。分析购买手机和购买平板电脑之间是否有关联。

关联分析如下：

支持度（手机→平板计算机）：400/1000=40%。

置信度（手机→平板计算机）：400/600=67%。

增益（手机→平板计算机）：（400/600）/（300/400）=67%/75%=89%。

 结论

如果置信度设置为 80%，则未达到阈值，不符合关联规则，且增益 <1，即使降低相关阈值，这两者之间也是负相关的事件，即购买手机会降低购买平板计算机的概率。

6.5.2　关联分析案例

 范例 6-4

购物车分析，本例使用某超市的购物信息，寻找其商品与商品之间是否存在关联性。

数据源为"购物车 .xlsx"，包含 19 个字段、1 002 条记录，数据示例如图 6-25 所示。

经过关联分析建模得到相应模型，如图 6-26 所示，可知以下三个关联规则：

• 购买啤酒和罐头蔬菜的用户，有可能会购买冻肉。

• 购买啤酒和冻肉的用户，有可能会购买罐头蔬菜。

• 购买冻肉和罐头蔬菜的用户，有可能会购买啤酒。

	A	B	C	D	E	F	G	H	I	J	K	L	M	N	O	P	Q	R	S
1	ID	平均购物额	支付方式	性别	住房	收入	年龄	流失客户	新鲜蔬菜	新鲜肉类	乳制品	罐头蔬菜	罐头肉	冻肉	啤酒	葡萄酒	软饮料	鱼	糕点糖果
2	10150	41	CARD	F	NO	10700	36	F	F	F	F	F	F	F	F	F	F	F	F
3	10236	42	CASH	F	YES	17700	44	F	F	F	F	T	F	T	T	F	F	F
4	10360	27	CHEQUE	M	NO	13400	20	F	F	F	F	T	F	T	T	F	F	T	F
5	10451	15	CHEQUE	M	NO	12500	19	T	F	F	F	T	F	T	F	F	F	F	T
6	10609	14	CHEQUE	F	NO	16700	41	F	T	F	F	F	F	F	F	F	F	T	F
7	10614	19	CASH	M	NO	25900	25	F	F	F	F	F	F	F	F	F	T	F
8	10645	18	CARD	M	YES	13300	20	T	F	F	T	F	F	F	F	F	F	F
9	10717	47	CARD	M	NO	18900	23	F	T	F	F	F	F	F	F	F	F	F
10	10872	21	CASH	M	NO	13200	36	F	F	F	F	F	F	F	F	T	F	F
11	10902	27	CARD	M	NO	25300	47	F	T	F	F	F	F	F	T	F	T	F
12	10915	12	CARD	M	NO	13500	22	F	F	F	T	F	T	F	F	F	F	F
13	10944	45	CARD	M	NO	10500	46	T	F	F	T	F	T	T	F	F	F	F
14	10987	38	CARD	F	YES	29300	21	F	F	F	F	F	F	F	F	F	F	F
15	11119	29	CHEQUE	M	YES	12000	27	F	F	F	F	F	F	F	F	T	T	T
16	11220	24	CARD	M	YES	11400	27	F	F	F	F	F	F	F	F	F	F	F
17	11230	46	CASH	M	NO	24400	42	F	F	F	F	F	F	F	T	T	F	F
18	11236	43	CARD	M	YES	26800	34	F	F	F	F	F	F	F	F	F	F	F
19	11241	34	CHEQUE	M	NO	13300	22	F	F	T	F	F	F	F	F	F	F	F
20	11357	11	CASH	M	YES	23100	26	F	F	F	F	F	F	F	F	F	F	F
21	11553	15	CASH	F	NO	28300	27	F	T	F	F	F	F	F	F	F	F	F
22	11565	45	CASH	F	NO	16400	19	F	F	F	F	T	T	T	F	F	T	F

图 6-25　数据示例

图 6-26　关联规则

操作步骤

01 将"源"选项卡中的"Excel"节点添加至编辑区，双击该节点，在弹出的对话框中设置"导入文件"的路径和文件名，然后，单击"确定"按钮退出该对话框。

02 将"输出"选项卡中的"表格"节点添加至编辑区，与"Excel"源节点连接形成数据流。运行该数据流即可查看从数据源导入的数据。

03 将"字段选项"选项卡中的"类型"节点添加至编辑区，与"Excel"源节点连接形成数据流。

04 双击"类型"节点，在弹出的"类型"对话框中设置 11 个商品字段的角色为"任意"，其余字段的角色为"无"，然后，单击"确定"按钮退出该对话框，如图 6-27 所示。

注意：

（1）角色设置为"任意"，表示该字段既是建立模型时的输入，也是建立模型时输出。

（2）批量设置多个连续字段的相同属性，可使用【Shift】键选择多个连续字段，然后，设置字段的角色。

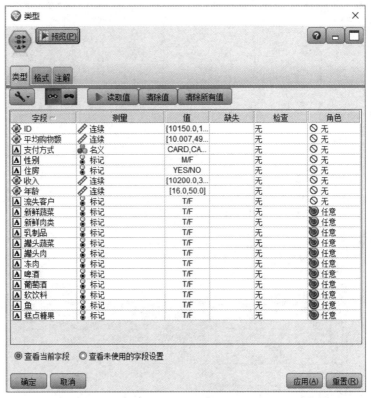

图 6-27 "类型"对话框

05 将"建模"选项卡中的"Apriori"节点添加至编辑区，与"类型"节点连接形成数据流。

06 运行该数据流，得到关联模型。

07 在"模型"面板中，右击该模型，在弹出的快捷菜单中选择"浏览"命令，即可查看得到的关联规则，如图 6-26 所示。

08 将数据流保存为"购物车 .str"，数据流如图 6-28 所示。

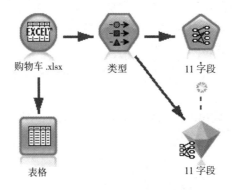

图 6-28 关联分析数据流

第 7 章
数据分析报告

数据分析报告是数据分析过程和思路的最后呈现，是数据分析结果的有效承载形式。一份思路清晰、有理有据、逻辑性强的数据分析报告能突出重点，提供决策依据。

7.1　数据分析报告概述

数据分析报告是根据数据分析原理和方法，运用数据来反映、研究和分析某项事物的现状、问题、原因、本质和规律，并得出结论，提出解决办法的一种分析应用文体。数据分析报告通过对项目数据全方位的科学分析，来评估其环境及发展情况，为决策者提供科学、严谨的依据，降低项目风险。在进行数据分析之前需要确定分析的总体框架，规划整个报告的主题，找准论点、论据等，这样在进行数据分析以及报告撰写时，才能更好地把握全局。

数据分析报告主要有以下三方面的作用：

（1）展示分析成果：数据分析报告以某一种特定的形式将数据分析成果清晰地展示给决策者，使得他们能够迅速理解、分析、研究问题的基本情况、结论与建议等内容。

（2）验证分析质量：从某种角度上来讲，数据分析报告也是对整个数据分析项目的一个总结，通过报告中对数据分析方法的描述、对数据结果的处理与分析等方面来检验数据分析的质量，并且让决策者能够感受到整个数据分析过程是科学严谨的。

（3）提供决策参考：大部分的数据分析报告都是具有时效性的，因此，所得到的结论与建议可以作为决策者在决策方面的一个重要参考依据。虽然，大部分决策者（尤其是高层管理人员）没有时间去通篇阅读分析报告，但是，在其决策过程中，报告的结论与建议或其他相关章节将会被重点阅读，并根据结果辅助其最终决策。

7.2　数据分析报告的写作原则

一份报告的价值并不取决于其篇幅的长短，而在于其内容是否丰富，结构是否清晰，是否有效反映业务真相，提出的建议是否可行。数据分析报告的写作原则有以下几点：

（1）结构合理，逻辑清晰：一份优秀的报告应该有非常明确、清晰的构架，呈现简洁、清晰的数据分析结果。

（2）用语规范，标准统一：数据分析报告中所使用的名词术语一定要规范，标准统一，前后一致，要与业内公认的术语一致。

（3）实事求是，反映真相：真实性的含义不仅包括基于分析得到的结论是事实，而且包括数据在内，不允许有虚假和伪造的现象存在，此外，对事实的分析和说明也必须遵从科学、实事求是的做法，符合客观事物的本来面目。

（4）篇幅适宜，简洁有效：有意识地抓住数据中出现的核心问题，突出重要成绩，总结主要教训，凡是重点的部分，要写得详细、具体、充分、全面。次要部分，则可适当提及，一笔带过。

（5）结合业务，分析合理：一份优秀的报告不仅仅基于数据而分析问题，或简单地看图说话，必须紧密结合公司的具体业务才能得出可实行、可操作的建议，否则将是纸上谈兵，脱离实际。当然这也要求数据分析人员对业务有一定的了解，如果对业务不了解，可请业务部门的人员一起参与。

总之，一份完整的数据分析报告，应当围绕目标确定范围，遵循一定的前提和原则，系统地反映存在的问题及原因，从而进一步找出解决问题的方法。它需要对数据进行适当的包装，让阅读者能对结果做出正确的理解与判断，并可以根据其做出有针对性、操作性、战略性的决策。

7.3　数据分析报告的结构

一般来说，数据分析报告由以下几个部分组成。

1. 封面

封面是整个数据分析报告的首页，是一项面子工程，好的封面可以引起阅读者的阅读欲望。封面需要包含标题、作者（单位、部门、姓名）、日期等。其中，标题是一份报告最浓缩的精华，力求达到精简干练，紧扣数据分析的核心，并吸引眼球，也可以将数据分析的目的或者结论在标题中体现出来。

2. 目录

目录用于显示数据分析报告中的各个组成模块，体现数据分析的整体思路和报告的整体架构，也可以帮助阅读者快速方便地找到所需的内容。数据分析报告的目录不仅仅是指正文的目录，还需要制作相应的图目录和表目录。

3. 分析背景

对数据分析背景进行阐述主要是为了让阅读者对整个数据分析前提有所了解，主要阐述分析的主要原因、目的、意义以及其他相关信息，让阅读者了解项目的前因后果。

4. 分析思路

分析思路是整个数据分析报告的灵魂，在这里需要将分析的数据和图表按照事先规划的思路进行展示，并添加文字加以说明。

5. 结论与建议

该部分是对整个报告的综合和总结、深化与提高，是得出结论、提出建议、解决矛盾的关键所在，是整篇数据分析报告的点睛之笔。

6. 附录

附录用于呈现之前涉及而未予阐述的有关事宜，如专业名词解释、计算方法等。

7.4　数据分析报告排版

数据分析报告需要按照一定的格式进行排版，具体要求如下：

1. 封面标题

占 1 行或 2 行，如有副标题，另起一行，紧挨正标题下居中，文字前加破折号。

2. 目录

另起一页，目录内容使用 Word 中的"自动目录"生成（三级目录，含页码），应注意域的更新。图目录和表目录参照执行。

3. 分析背景、分析思路、结论与附录

另起一页，具体要求如下：

一级标题（章标题）：标题序号为"第 1 章""第 2 章"，链接样式"标题 1"。

二级标题（节标题）：标题序号为 1.1，1.2，1.3，……链接样式"标题 2"。

三级标题：标题序号为（1）（2）（3）……链接样式"标题 3"。

非标题内容：每段首行缩进 2 个字符。

4. 题注

居中对齐，图的编号按章顺序编号，显示在图下方，如图 2-1 为第 2 章第 1 个图。表的编号按章顺序编号，显示在表上方，如表 2-3 为第 2 章第 3 个表。

5. 页眉

居中对齐，封面页无页眉，目录页眉分别设置为"目录""图目录""表目录"，其余页眉设置为"*** 数据分析报告"。

6. 页脚

居中对齐，封面页无页脚，目录（含图目录和表目录）页脚使用罗马序号格式 I，II，III……，其余页脚使用阿拉伯数字格式 1，2，3……，设置为"第 * 页"。

7. 案例

对数据分析报告进行排版，排版样张如图 7-1 所示。

（1）打开"毕业生质量分析报告 .docx"，为文档添加封面（小室型）。在封面中输入公司（杉达公司）、标题（毕业生培养质量分析报告）、作者（张三）和年份（2018），删除副标题。

> **提示:**
>
> 打开"毕业生质量分析报告 .docx"，单击"插入"选项卡"页"组中的"封面"按钮，下拉列表中会显示系统内置的封面，选择"小室型"封面。

微 课

封面设置

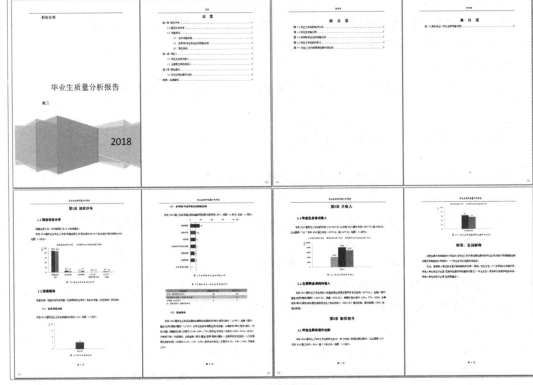

图 7-1　排版样张

（2）设置纸型：A4；方向：纵向；页边距：上 2 cm，下 2 cm，左 2.8 cm，右 2.8 cm；页眉：1.5 cm，页脚：1 cm。

微 课

页面设置

提示：

　　单击"页面布局"选项卡"页面设置"组中的"页边距"|"自定义边距…"按钮，弹出"页面设置"对话框，如图 7-2 所示，可设置上、下、左、右页边距，切换到"版式"选项卡可设置页眉和页脚的距离。

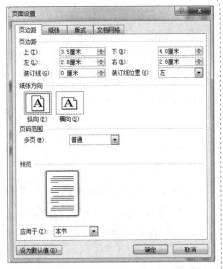

图 7-2　"页面设置"对话框

（3）设置正文格式，具体要求如下：

① 一级标题（章标题）：标题序号为"第 1 章"，标题序号后加一个空格，独占一行，末尾不加标点符号，黑体，加粗，三号，居中对齐，段前 17 磅，段后 16.5 磅，多倍行距 2.41 倍，对齐位置 0 cm，缩进位置 0 cm，链接样式"标题 1"。

② 二级标题（节标题）：标题序号为 1.1，1.2，1.3，……标题序号后加一个空格，独占一行，末尾不加标点符号，黑体，加粗，四号，左对齐，段前 13 磅，段后 13 磅，多倍行距 1.73 倍，对齐位置 0.75 cm，缩进位置 0 cm，链接样式"标题 2"。

③ 三级标题：标题序号为（1）（2）（3）……标题序号后加一个空格，独占一行，末尾不加标点符号，黑体，加粗，五号，左对齐，段前 13 磅，段后 13 磅，多倍行距 1.73 倍，对齐位置 0.75 cm，缩进位置 0.75 cm，链接样式"标题 3"。

④ 正文内容：宋体，五号，左对齐，每段首行缩进 2 个字符，1.5 倍行距。

微 课
多级列表
设置

提示：

（1）单击"开始"选项卡"段落"组中的"多级列表"|"定义新的多级列表"按钮，弹出"定义新多级列表"对话框，设置各级标题的标题序号、对齐位置、缩进位置和链接样式，具体如图 7-3 所示。

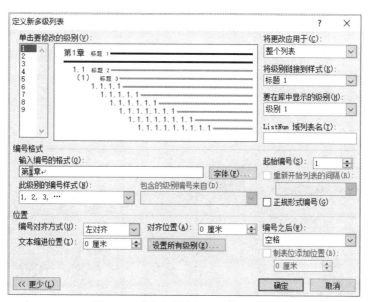

图 7-3 "定义新多级列表"对话框

（2）右击"开始"选项卡"样式"组中的"标题 1"，在弹出的快捷菜单中选择"修改"命令，弹出"修改样式"对话框，修改"标题 1"样式的字体、字号、对齐方式、行距、段落间距等设置，具体如图 7-4 所示。同样操作，修改"标题 2""标题 3""正文"样式的设置。

图 7-4 "修改样式"对话框

（4）设置图和表的题注，并在正文内容中引用相应题注。题注格式为楷体、五号、居中对齐，图的编号按章顺序编号，显示在图下方；表的编号按章顺序编号，显示在表上方。

🔔 提示：

（1）单击"引用"选项卡"题注"组中的"插入题注"按钮，弹出"题注"对话框，如图 7-5 所示，单击"新建标签"按钮，新建两个标签"图"和"表"。单击"编号"按钮，设置题注包含章节号，如图 7-6 所示。

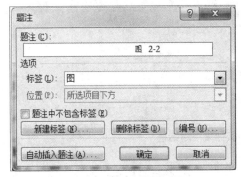

图 7-5 "题注"对话框

图 7-6 "题注编号"对话框

（2）在正文中找到需要引用题注的地方，单击"引用"选项卡"题注"组中的"交叉引用"按钮，弹出"交叉引用"对话框，具体设置如图 7-7 所示。

（3）修改"题注"样式，具体设置如图 7-8 所示。

图 7-7　"交叉引用"对话框

图 7-8　题注样式

（5）制作目录、图目录、表目录，要求各类目录的产生使用 Word 中的"自动目录"功能生成（三级目录，含页码）。各类目录标题，字与字之间空两格，格式为黑体、加粗、三号、黑色、居中对齐，行距为 1.25 倍。

微　课

目录设置

💡 提示：

单击"引用"选项卡"目录"组中的"目录"|"自动目录 1"按钮生成目录。单击"引用"选项卡"题注"组中的"插入表目录"按钮，弹出"图标目录"对话框，设置"题注标签"为"图"，可插入图目录；设置"题注标签"为"表"，可插入表目录，如图 7-9 所示。

图 7-9　图表目录设置

● 微　课

页眉页脚设置

注意：

各类目录之间至少空一行。

（6）制作页眉和页脚，具体要求如下：

① 页眉：居中对齐，封面页无页眉，目录页眉分别设置为"目录""图目录""表目录"，其余页的页眉设置为"毕业生培养质量分析报告"。

② 页脚：居中对齐，封面页无页脚，目录（含图目录和表目录）页脚使用罗马序号格式Ⅰ、Ⅱ、Ⅲ……，其余页脚使用阿拉伯数字格式1、2、3……设置为"第 * 页"。

提示：

（1）由于各个部分的页眉有所不同，所以，根据题目的要求，需要在"目录""图目录""表目录""正文"前插入分节符。单击"页面布局"选项卡"页面设置"组中的"分隔符"|"分节符（下一页）"按钮可插入分节符，在添加分节符的文档处会出现一条双虚线，在中央位置有"分节符（下一页）"字样。如没有出现双虚线分节符，可单击"开始"选项卡"段落"组中的"显示/隐藏编辑标记"按钮来显示分节符标记。如有多余空行，请删除。

（2）插入页眉可单击"插入"选项卡"页眉和页脚"组中的"页眉"|"编辑页眉"按钮，编辑页眉时，如需要设置当前页的页眉和前一页不同，可取消"链接到前一条页眉"的选中（"页眉和页脚工具|设计"|"导航"|"链接到前一条页眉"），如图7-10所示。如本节页眉相同，可取消选中"首页不同"和"奇偶页不同"复选框，如图7-11所示。页脚的设置类似。

图7-10　页眉链接设置

图7-11　页眉节设置

● 微　课

更新域

（7）更新文件中的域并保存。

提示：

全部选中文件中的内容按【Ctrl+A】组合键，使用更新按【F9】键。

第8章
数据分析案例

数据可视化无论对于普通用户或是专业人士，都是最基本的功能。数据图像化可以让数据自己说话，让用户直观地感受到结果。其预测性分析可以让分析师根据图像化分析和数据挖掘的结果做出一些前瞻性判断。目前这种大数据及其技术已越来越广泛地应用到社会的各行各业，并发挥重大作用。

8.1 广告投入分析

某培训公司为了提高知名度和利润，针对其所属的 3 个英语类线上培训项目，"快乐儿童英语"、"新概念英语"和"留学英语"，开设免费试听体验，为了宣传推广该活动，公司投入了一定的广告资金，结果发现培训网站上的注册人数并不理想，拟通过推广活动数据来找寻问题，从而可采取针对性的措施以达到预期目标。

8.1.1 数据整理

本次推广活动共获得数据 139 条，均保存在名为"广告投入明细表 .xlsx"的 Excel 文件中，如图 8-1 所示。

1. 创建项目

打开 Oracle 可视化软件，创建项目"广告投入分析"，在"准备"界面中添加数据集"投入明细"，数据源为"广告投入明细表 .xlsx"。

微课 ●
推广活动数据整理

	市场活动	时间时段	星期	关键词	广告展现量	广告点击量	广告成本	内容页访问人数	注册人数	投放渠道	城市	行业方向	等级	广告类型	百度热度	优化难度	收录数	广告投入量级
2	留学英语公开课	2019年第1周	5	BBC英语	14381	800	2500	18	12	微信公众号	北京	零售	D	媒体	2.35	2	210000	中
3	留学英语公开课	2019年第1周	5	BBC英语	40	68	1600	22	2	微信公众号	广州	制造	C	视频	2.35	2	210000	低
4	留学英语公开课	2019年第1周	5	BBC英语	14381	504	1808	8	2	百度	北京	媒体	D	文稿	2.35	2	210000	中
5	留学英语公开课	2018年第52周	6	一对一	11876	491	2097	18	2	百度	北京	零售	D	媒体	8.5	4	940000	中
6	留学英语公开课	2018年第52周	6	一对一	11876	491	2897	8	2	百度	北京	零售	D	媒体	8.5	4	940000	高
7	留学英语公开课	2018年第52周	6	一对一	11876	760	2897	19	8	百度	北京	媒体	D	媒体	8.5	4	940000	高
8	留学英语公开课	2018年第51周	6	一对一	36	15	50	11	0	微信公众号	广州	制造	C	视频	8.5	4	940000	低
9	留学英语公开课	2018年第52周	6	一对一	45	41	140	12	1	微信公众号	广州	制造	C	视频	8.5	4	940000	低
10	留学英语公开课	2018年第52周	6	一对一	11876	491	2897	18	2	百度	山东	媒体	B	文稿	8.5	4	940000	高
11	留学英语公开课	2019年第2周	4	免费学英语	14544	723	2164	8	2	百度	山东	零售	D	文稿	1.92	2	90000	中
12	留学英语公开课	2019年第2周	4	免费学英语	18544	676	1764	8	2	百度	山东	零售	D	文稿	1.92	2	90000	中
13	留学英语公开课	2019年第2周	4	免费学英语	192	160	140	12	3	百度	广州	制造	C	视频	1.92	2	90000	低
14	留学英语公开课	2019年第2周	3	共享教育	17941	711	2769	18	4	百度	北京	媒体	D	媒体	4.35	2	470000	中
15	留学英语公开课	2019年第2周	3	共享教育	17941	586	1769	18	4	百度	北京	媒体	D	文稿	4.35	2	470000	中
16	留学英语公开课	2019年第2周	3	共享教育	190	148	166	12	0	微信公众号	广州	制造	C	视频	4.35	2	470000	低
17	留学英语公开课	2018年第51周	5	出国口语	10997	476	2049	12	9	百度	北京	零售	D	媒体	7.8	4	390000	中
18	留学英语公开课	2019年第1周	5	出国口语	10997	476	2049	12	4	百度	北京	媒体	D	文稿	7.8	4	390000	中
19	留学英语公开课	2019年第2周	5	出国口语	96	42	249	12	1	微信公众号	广州	制造	C	视频	7.8	4	390000	低
20	留学英语公开课	2019年第1周	5	出国口语	32	22	70	12	2	微信公众号	广州	制造	C	视频	7.8	4	390000	低
21	留学英语公开课	2019年第1周	5	出国口语	11854	545	2700	16	7	百度	北京	零售	D	媒体	7.8	4	390000	中
22	留学英语公开课	2019年第2周	3	出国口语	10997	476	2049	8	4	百度	山东	媒体	D	文稿	7.8	4	390000	中
23	留学英语公开课	2019年第1周	3	出国口语	32	71	70	12	1	微信公众号	广州	制造	C	视频	7.8	4	390000	低
24	留学英语公开课	2018年第52周	5	出国口语	11854	495	1764	16	5	百度	北京	零售	D	媒体	7.8	4	390000	中
25	留学英语公开课	2018年第52周	5	出国口语	10997	476	2049	8	4	百度	山东	媒体	B	文稿	7.8	4	390000	中
26	留学英语公开课	2019年第2周	7	口语辅导	245	183	180	12	1	微信公众号	北京	零售	C	视频	4.5	4	75400	低
27	留学英语公开课	2019年第2周	7	口语辅导	17941	566	1769	18	4	百度	山东	零售	B	文稿	4.5	4	75400	中
28	留学英语公开课	2019年第2周	7	口语辅导	13941	576	2059	4	5	百度	山东	零售	B	文稿	4.5	4	75400	中
29	留学英语公开课	2018年第51周	4	听力提高班	40	18	166	22	0	微信公众号	广州	制造	C	视频	7.55	2	302000	低
30	留学英语公开课	2018年第51周	4	听力提高班	14370	438	2506	22	2	百度	北京	零售	D	媒体	7.55	2	302000	中
31	留学英语公开课	2018年第52周	4	听力提高班	14370	438	2506	22	11	百度	北京	零售	D	文稿	7.55	2	302000	中
32	留学英语公开课	2018年第52周	4	听力提高班	14370	438	2006	15	5	百度	北京	媒体	D	文稿	7.55	2	302000	中
33	留学英语公开课	2018年第51周	4	听力提高班	36	15	50	11	0	百度	广州	制造	C	视频	7.55	2	302000	低
34	留学英语公开课	2018年第52周	4	听力提高班	14370	438	2506	15	5	百度	山东	媒体	B	文稿	7.55	2	302000	中

图 8-1　推广活动数据

2. 注册人数等级整理

由于注册人数是个连续的数值，在后续数据分析的时候，需将该人数分为 3 个等级，等级标准如表 8-1 所示。

表 8-1　等级标准

注册人数	等　　级
>8	多
4~8	中
<4	少

操作步骤

01 在"准备"界面中，选择"投入明细"数据集，单击"注册人数"字段的右侧菜单，在弹出的快捷菜单中选择"收集器"选项，在"收集列"设置界面进行自定义收集，如图 8-2 所示，设置"新元素名称"为"注册人数等级"，"收集器数"为"3"，"方法"为"手动"，等级分为"少"、"中"和"多"，相对应的数值为"最小值至 4"、">4 至 8"和">8"。

图 8-2　"注册人数等级"收集列设置

02 单击设置界面上方的"添加步骤"按钮。

03 单击脚本面板中的"应用脚本"按钮。

8.1.2　广告投入概况分析

根据导入的数据，分析本次宣传推广活动的总体情况，例如：投入的广告成本总计，注册人数总计、人均成本等，从而确认本次投入的广告资金是否达到预期效果。

1. 计算总计

根据各项数据的总计，如图 8-3 所示，发现广告投入没有达到预期效果，该公司投入的资金为 19 万多，但是，最终带来的的注册人数只有 504 人。

广告成本总计（单位：元）	广告点击量总计（单位：个）	内容页访问人数总计（单位：人）	注册人数总计（单位：人）
198,112	47,388	1,739	504

图 8-3　数据总计

操作步骤

01 将第一张画布命名为"广告投入概况分析"。

02 在"数据"面板中，选择"广告成本"数据字段，在"属性"面板中，设置聚合方式为"总和"。

03 向画布中添加"广告成本"数据字段。

04 在"语法"面板中，设置可视化类型为"磁贴"，值的依据为"广告成本"。

05 在"属性"面板中，设置该可视化图表的标题为"广告成本总计（单位：元）"。

06 同样的方式，在"广告成本总计（单位：元）"可视化图表右侧，制作三个可视化图表，"广告点击量总计（单位：个）"、"内容页访问人数总计（单位：人）"和"注册人数（单位：人）"。

2. 计算百分比

根据各项数据计算后的结果，如图 8-4 所示，发现以下 3 个问题：

（1）广告点击率较低，广告播放后，仅有 4.08% 的用户点击广告进入网站。

（2）访问率较低，用户进入网站后，仅有 3.67% 的用户查看网站中的详细内容。

（3）注册率较低，用户进入网站查看详细内容后，仅有 28.98% 的用户进行了注册学习，即每个注册用户需要消耗 393.08 元的广告费。

因此，建议针对广告和网站的设计进行优化，以期达到吸引用户的目的。

广告点击率，计算方式：广告点击量/广告展现量	访问率，计算方式：内容页访问人数/广告点击量
4.08%	3.67%
注册率，计算方式：注册人数/内容页访问人数	人均成本（单位：元/人），计算方式：广告成本/注册人数
28.98%	393.08

图 8-4　数据百分比

操作步骤

01 在"数据"面板中，添加计算字段"广告点击率"，计算公式为：广告点击量/广告展现量。

02 在"数据"面板中，添加计算字段"注册率"，计算公式为：注册人数/内容页访问人数。

03 在"数据"面板中，添加计算字段"访问率"，计算公式为：内容页访问人数/广告点击量。

04 在"数据"面板中，添加计算字段"人均成本"，计算公式为：广告成本/注册人数。

05 在4个总计可视化图表的下方，添加计算字段"广告点击率"。

06 在"语法"面板中，设置可视化类型为"磁贴"，值的依据为"广告点击率"。

07 在"属性"面板中，设置该可视化图表的标题为"广告点击率，计算方式：广告点击量/广告展现量"，数字格式为"百分比"。

08 同样的方式，制作"注册率"、"访问率"和"人均成本"的可视化图表，图表排列如图8-4所示，标题分别为"访问率，计算方式：内容页访问人数/广告点击量"、"注册率，计算方式：注册人数/内容页访问人数"和"人均成本（单位：元/人），计算方式：广告成本/注册人数"。

注意：

涉及到计算的字段均需处理为度量，数字类型。

3. 画布

根据以上分析，在画布下方添加一个文本框，输入分析小结，画布整体效果如图8-5所示。

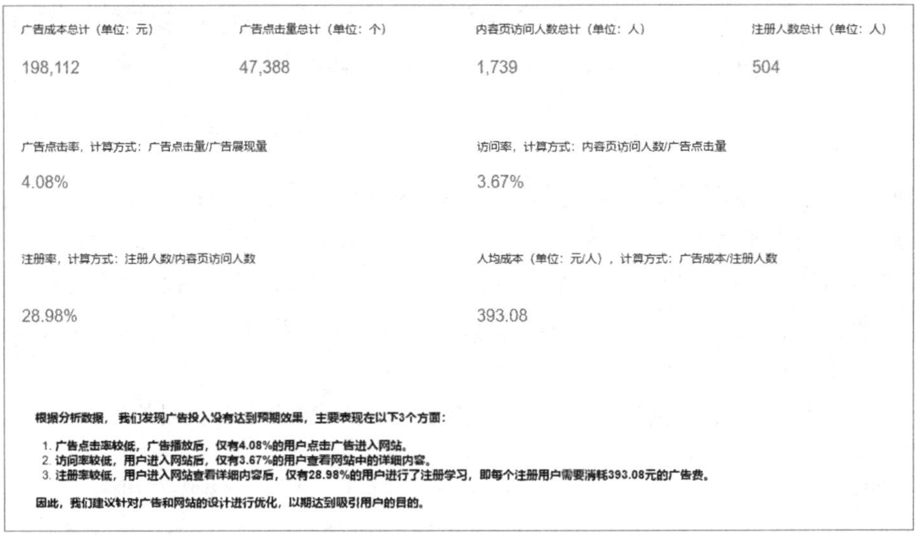

广告成本总计（单位：元）	广告点击量总计（单位：个）	内容页访问人数总计（单位：人）	注册人数总计（单位：人）
198,112	47,388	1,739	504

广告点击率，计算方式：广告点击量/广告展现量

4.08%

访问率，计算方式：内容页访问人数/广告点击量

3.67%

注册率，计算方式：注册人数/内容页访问人数

28.98%

人均成本（单位：元/人），计算方式：广告成本/注册人数

393.08

根据分析数据，我们发现广告投入没有达到预期效果，主要表现在以下3个方面：

1. 广告点击率较低，广告播放后，仅有4.08%的用户点击广告进入网站。
2. 访问率较低，用户进入网站后，仅有3.67%的用户查看网站中的详细内容。
3. 注册率较低，用户进入网站查看详细内容后，仅有28.98%的用户进行了注册学习，即每个注册用户需要消耗393.08元的广告费。

因此，我们建议针对广告和网站的设计进行优化，以期达到吸引用户的目的。

图8-5 "广告投入概况分析"画布

操作步骤

01 在画布下方添加文本框。

02 单击"编辑文本"按钮，输入相应文字并设置格式，如字体、字号、加粗等。

8.1.3　项目广告投放分析

根据导入的数据，分析本次宣传推广活动中的三个项目和三个投放渠道的情况，从而找出本次活动的问题所在。

微　课

项目广告投放分析

1. 各项目的广告成本与注册人数分析

根据各项目的广告成本与注册人数分析，如图 8-6 所示，发现该公司有三个广告项目，"快乐儿童英语体验"、"新概念英语课程试听"和"留学英语公开课"，其中，广告投入最大的是"留学英语公开课"项目，但是，该项目的广告效果并不理想，甚至出现了随着广告成本的增加出现了注册人数下降的趋势。

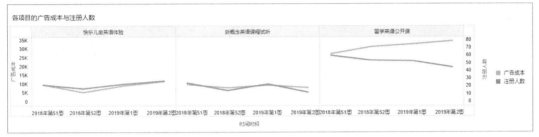

图 8-6　各项目的广告成本与注册人数分析

🔧 **操作步骤**

01 新建画布，命名为"项目广告投放分析"。

02 向画布中添加四个字段数据，"市场活动"、"时间时段"、"广告成本"和"注册人数"。

03 在"语法"面板中，设置可视化类型为"组合图"。

04 在"语法"面板中，设置格状图列的依据为"市场活动"，值（Y 轴）的依据为"广告成本"和"注册人数"，X 轴的依据为"时间时段"，设置"注册人数"显示在 Y2 轴上。

05 在"属性"面板中，设置该可视化图表的标题为"各项目的广告成本与注册人数"，图例显示在右侧。

2. 各投放渠道的广告成本与注册人数分析

根据各投放渠道的广告成本与注册人数分析，如图 8-7 所示，发现该公司有三个广告投放渠道，"微信公众号"、"微博"和"百度"，其中，广告投入最大的是"百度"投放渠道，但是，该投放渠道的广告效果并不理想，甚至出现了随着广告成本的增加出现了注册人数下降的趋势。

图 8-7　各投放渠道的广告成本与注册人数分析

（（ 操作步骤

01 选择"各项目的广告成本与注册人数"可视化图表，右击后在弹出的快捷菜单中，选择"编辑"→"重复可视化"命令，复制一个相同的可视化图表。

02 选择下方的可视化图表，在语法面板中，修改格状图列的依据为"投放渠道"。

03 在"属性"面板中，设置该可视化图表的标题为"各投放渠道的广告成本与注册人数"。

3. 画布

根据以上分析，在画布下方添加一个文本框，输入分析小结，画布整体效果如图8-8所示。

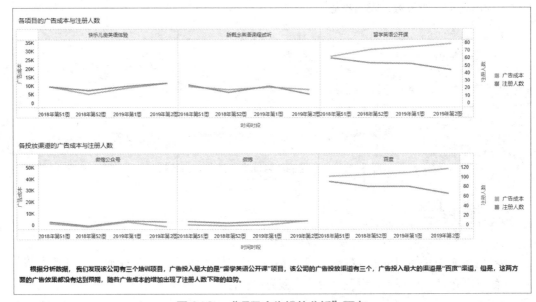

图 8-8   "项目广告投放分析"画布

（（ 操作步骤

01 在画布下方添加文本框。

02 单击"编辑文本"按钮，输入相应文字并设置格式，如字体、字号、加粗等。

8.1.4 留学英语公开课在百度投放渠道分析

根据之前的数据分析，发现该公司有三个广告项目，投放渠道也有三个，其中，投入广告资金较多，且效果不甚理想的是"留学英语公开课"项目和"百度"投放渠道，故分析"留学英语公开课"在"百度"投放渠道中的情况。

1. 各关键词的注册人数与广告成本分析

根据各关键词的注册人数与广告成本分析，如图8-9所示，发现该公司为"留学英语公开课"项目在百度购买了一些关键字搜索的索引，总体上广告成本与注册人数成正比，但是，其中有些关键字的成本较高，而带来的注册人数却较低，例如："职业英语"等关键字，也有些关键字的成本不高，而带来的注册人数却较高，例如："留学预科"、"英语速成"等。

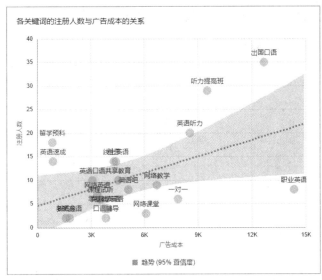

图 8-9　各关键词的注册人数与广告成本分析

操作步骤

01 新建画布，命名为"留学英语公开课在百度广告投放渠道分析"。

02 在画布最上方添加两个筛选器，市场活动为"留学生英语公开课"，投放渠道为"百度"。

03 向画布中添加三个字段数据，"注册人数"、"广告成本"和"关键词"。

04 在"语法"面板中，设置可视化类型为"散点图"。

05 在"语法"面板中，设置 Y 轴的依据为"注册人数"，值（X 轴）的依据为"广告成本"，类别（点）的依据为"关键词"。

06 在"属性"面板中，设置该可视化图表的标题为"各关键词的注册人数与广告成本的关系"，数据标签显示在上面。

07 添加统计信息（趋势线），设置统计方法为"线性"，置信度为"95%"。

2. 各关键词的百度热度、注册人数与广告成本分析

为了能更加明确地找出针对"留学英语公开课"项目的性价比较高的百度关键词，在之前分析的基础上添加了百度关键词的热度，如图 8-10 所示，发现根据百度关键词的热度，投入的广告费用也不同，一般来说，关键词的热度越高，其收费也会越贵，但是，热度高的关键词不一定能带来更多的注册人数，例如："职业英语"、"一对一"等，反而有些热度不高，收费也相应较低的关键词所带来的注册人数却不少，例如："留学预科"、"英语速成"等，所以，建议该公司在后续广告投入时，可在低成本高回收的那些关键词上增加投入。

操作步骤

01 在"各关键词的注册人数与广告成本的关系"可视化图表右侧，添加四个字段数据，"关键词"、"广告成本"、"注册人数"和"百度热度"。

02 在"语法"面板中,设置可视化类型为"组合图"。

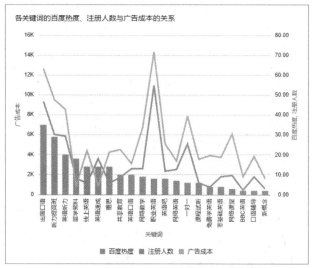

图 8-10 各关键词的百度热度、注册人数与广告成本分析

03 在"语法"面板中,设置 Y 轴的依据为"广告成本"、"注册人数"和"百度热度",类别(X 轴)的依据为"关键词",设置"百度热度"、"注册人数"在 Y2 轴上显示。

04 将"注册人数"设置为条形图,并降序排列。

05 在"属性"面板中,设置该可视化图表的标题为"各关键词的百度热度、注册人数与广告成本的关系"。

3. 画布

根据以上分析,在画布下方添加一个文本框,输入分析小结,画布整体效果如图 8-11 所示。

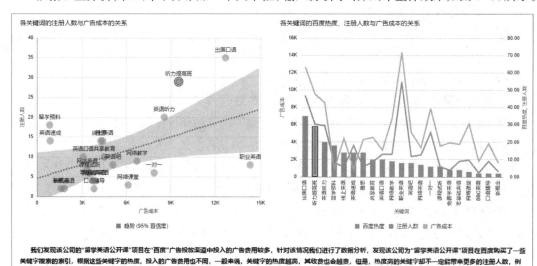

图 8-11 "留学英语公开课在百度投放渠道分析"画布

操作步骤

01 在画布下方添加文本框。

02 单击"编辑文本"按钮，输入相应文字并设置格式，如字体、字号、加粗等。

8.1.5 注册人数预测

使用 IBM SPSS Modeler 18 进行成绩分析，要先把所需的数据从 Oracle 可视化软件中导出。

微 课

注册人数预测

操作步骤

01 新建画布，命名为"导出数据"。

02 向画布中添加 13 个字段数据，"关键词"、"广告展现量"、"广告点击量"、"广告成本"、"内容页访问人数"、"注册人数"、"注册人数等级"、"投放渠道"、"城市"、"行业方向"、"等级"、"广告类型"和"广告投入量级"。

03 在"语法"面板中，设置可视化类型为"表"。

04 在"语法"面板中，设置行的依据为该 13 个字段。

05 在"属性"面板中，设置该可视化图表的标题为"导出数据"，并启用"显示重复行"。

06 在该可视化图表的空白区域处，右击后在弹出的快捷菜单中，选择"编辑"→"复制所有数据"命令，将数据复制到 Excel 中，如图 8-12 所示，该 Excel 文件命名为"导出数据 .xlsx"。

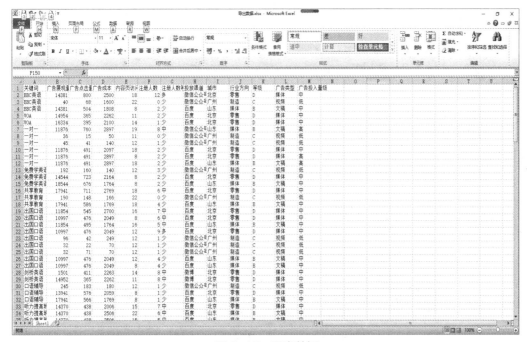

图 8-12 导出数据

07 打开 IBM SPSS Modeler 18，将"Excel"源节点添加至编辑区，设置其属性中的"导入文件"为"导出数据 .xlsx"。

08 保存该数据流，命名为"广告投入分析 .str"。

1. 注册人数分析

分析本次推广活动的注册人数情况，如图 8-13 所示，发现注册人数的最小值为 0，最大值为 12，平均值为 3.626，且分布偏左（偏度为 0.658），说明注册人数总体较少。

图 8-13　注册人数分析

操作步骤

01 将"类型"字段选项节点添加至编辑区，与"Excel"源节点相连。

02 在"类型"节点属性中，设置"注册人数"的角色为"输入"，其余字段的角色为"无"。

03 将"数据审核"输出节点添加至编辑区，与"选择"记录选项节点相连。

04 运行该数据流，将结果保存为"注册人数分析 .jpg"，数据流如图 8-14 所示。

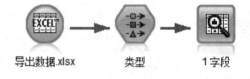

图 8-14　注册人数分析数据流

2. 注册人数等级分布分析

分析本次推广活动的注册人数等级分布情况，如图 8-15 所示，发现所占比例最多的是注册人数等级为少（66.91%），其次是注册人数等级为中（30.94%），然后是注册人数等级为多（2.16%）。

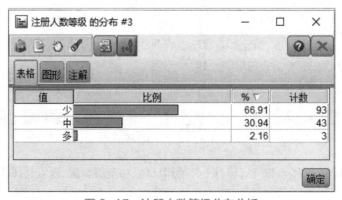

图 8-15　注册人数等级分布分析

操作步骤

01 将"分布"图形节点添加至编辑区，与"Excel"源节点相连。

02 在"分布"节点属性中，设置"字段"为"注册人数等级"。

03 运行该数据流，在分析结果中按照百分比降序排列，将结果保存为"注册人数等级分布分析.jpg"，数据流如图 8-16 所示。

图 8-16　注册人数等级分布分析数据流

3. 注册人数等级预测

根据推广活动的情况，预测注册人数的等级，在预测参数中，影响因子最大的是城市（40%），其次是内容页访问人数（36%）、广告投入量级（9%）、投放渠道（8%）、广告点击量（6%）和广告展现量（1%），其结果如图 8-17、图 8-18 所示。

根据绘制出来的决策树，可以依照各个影响因子预测注册人数的等级。预测规则举例如下：

推广活动城市为"北京"且投放渠道为"微信公众号"，可以预测其注册人数等级为"多"。

推广活动城市为"山东"且内容页访问人数 <=11，可以预测其注册人数等级为"少"。

推广活动城市为"广州"，可以预测其注册人数等级为"少"。

类似的规则集较多，在此不一一叙述。

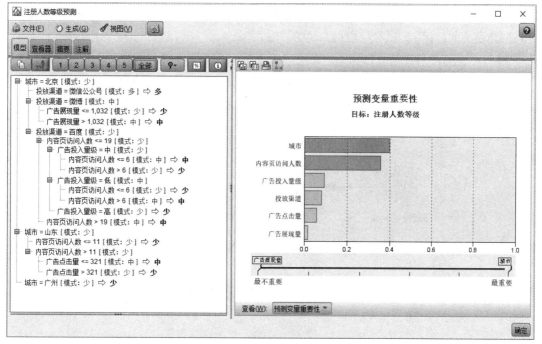

图 8-17　注册人数等级预测

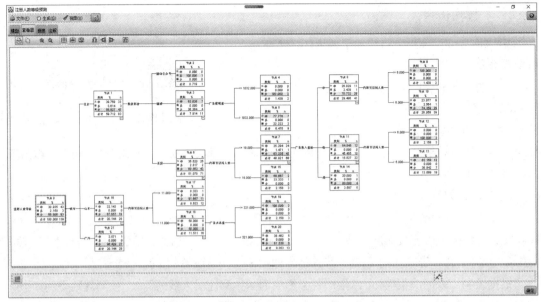

图 8-18　注册人数等级预测—树状结构

操作步骤

01 将 "类型" 字段选项节点添加至编辑区,与 "Excel" 源节点相连。

02 在 "类型" 节点属性中,设置 "注册人数" 字段的角色为 "无" , "注册人数等级" 字段的角色为 "目标" ,其余字段的角色为 "输入" 。

03 将 "C5.0" 建模节点添加至编辑区,与 "类型" 字段选项节点相连。

04 在 "C5.0" 节点属性中,设置 "模型名称" 为 "注册人数等级预测" 。

05 运行该数据流,在模型窗格中,浏览分析结果,将结果保存为 "注册人数等级预测 .jpg" ,数据流如图 8-19 所示。

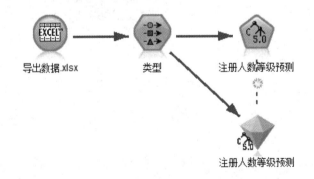

图 8-19　注册人数等级预测数据流

4. 画布

根据以上分析，在 Oracle 可视化软件中完成画布，如图 8-20 所示。分析结论如下：

分析本次推广活动的注册人数和注册人数等级分布情况，发现注册人数总体偏少。

根据推广活动的情况，预测注册人数的等级，在预测参数中，影响因子最大的是城市（40%），其次是内容页访问人数（36%）、广告投入量级（9%）、投放渠道（8%）、广告点击量（6%）和广告展现量（1%）。

根据绘制出来的决策树，可以依照各个影响因子预测注册人数的等级。预测的规则集较多，在此不一一叙述。

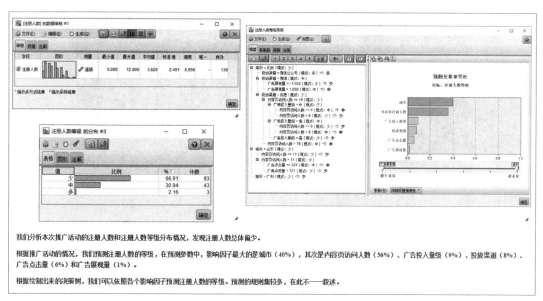

图 8-20 注册人数预测画布

操作步骤

01 新建画布，命名为"注册人数预测"。

02 在画布中添加图像框，单击"选择图像"按钮，在弹出的对话框中选择"注册人数分析 .jpg"图像文件，单击"确定"按钮。

03 在"属性"面板中，设置该图像的对齐方式为"水平垂直均居中对齐"，宽度和高度均为"自动适合"。

04 同样的方式，在画布中添加"注册人数等级分布分析 .jpg"和"注册人数等级预测 .jpg"图像文件。

05 在画布下方添加文本框，单击"编辑文本"按钮，输入分析结论并设置格式，如字体、字号、加粗等。

06 排版如图 8-20 所示。

8.1.6　封面

微 课

制作广告投入
分析结论

为本次数据分析制作封面，如图 8-21 所示。

图 8-21　封面

🐿 操作步骤

01 新建画布，命名为"封面"。

02 在画布中添加文本框，单击"编辑文本"按钮，输入项目名称、人员信息和日期，并设置格式，如字体、字号、加粗、对齐方式等。

03 在画布下方，添加图像框，单击"选择图像"按钮，在弹出的对话框中选择"封面.jpg"图像文件，单击"确定"按钮。

04 在"属性"面板中，设置该图像的对齐方式为"水平垂直均居中对齐"，宽度和高度均为"自动适合"。

8.1.7　结论

根据之前的数据分析，制作分析结论画布，文字内容包含之前的分析结果和相应的意见建议，如图 8-22 所示。

分析结论如下：

本次数据分析主要针对公司在宣传推广活动中的广告投入，数据分析显示，公司投入广告费用约 19.8 万元，注册人数为 504 人，没有达到预期的广告效果。

在预测注册人数的等级时，在预测参数中，影响因子最大的是城市（40%），其次是内容页访问人数（36%）、广告投入量级（9%）、投放渠道（8%）、广告点击量（6%）和广告展现量（1%）。

给出建议如下：

（1）针对广告和网站的设计进行优化，以期达到吸引用户的目的。

（2）针对公司投入广告费用较多的"留学英语公开课"项目在"百度"的广告投放，建议该公司在后续广告投入中，可在低成本高回收的那些关键词上增加投入。

分析结论和建议

本次数据分析主要针对公司在宣传推广活动中的广告投入，根据数据，公司投入广告费用约19.8万元，注册人数为504人，没有达到预期的广告效果。

在预测注册人数的等级时，在预测参数中，影响因子最大的是城市（40%），其次是内容页访问人数（36%）、广告投入量级（9%）、投放渠道（8%）、广告点击量（6%）和广告展现量（1%）。

我们的建议如下：

1. 针对广告和网站的设计进行优化，以期达到吸引用户的目的。
2. 针对公司投入广告费用较多的"留学英语公开课"项目在"百度"的广告投放，建议该公司在后续广告投入中，可在低成本高回收的那些关键词上增加投入。

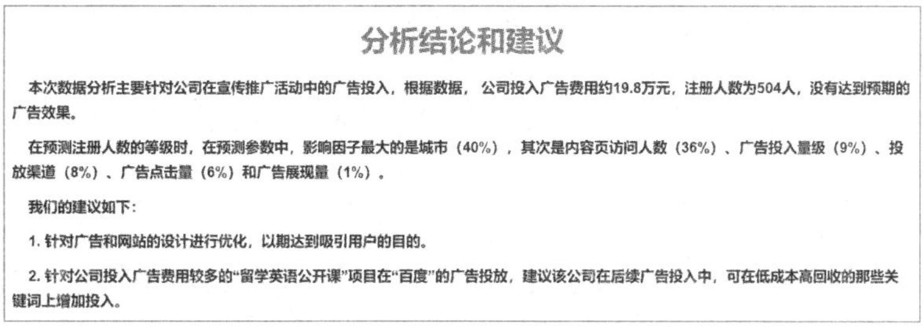

图 8-22 结论

操作步骤

01 新建画布，命名为"分析结论"。

02 在画布中添加文本框，单击"编辑文本"按钮，输入分析结论，并设置格式，如字体、字号、加粗、对齐方式等。

8.1.8 叙述

将做好的画布添加到叙述中，方便演示。

操作步骤

01 切换到"叙述"界面，依次添加六张画布，包括"封面"、"广告投入概况分析"、"项目广告投入分析"、"留学英语公开课在百度广告投放渠道分析"、"注册人数预测"和"结论"。

02 单击右上角的"表示"按钮，用于演示。演示结束，可单击右上角的"关闭"按钮 × 退出表示模式，最后保存并导出该项目文件（包含数据，无需密码），项目文件命名为"广告投入分析 .dva"。

8.2 成绩分析

根据某市大学生 2017 年统考成绩（已脱敏）进行分析，该年参加统考的学生有 68 185 人，统考科目共 3 个，分别为数学、英语和计算机，满分为 100 分，其中：数学 20 分，英语 40 分，计算机 40 分。所有数据均保存在 Excel 中。

8.2.1 数据整理

数据保存在 3 个 Excel 文件中，分别为"学生名单 .xlsx"、"学生成绩 .xlsx"和"区域代码 .xlsx"。

"学生名单 .xlsx"中包含 8 个字段，分别为：学生 ID、性别、身份证号、专业、考生类型、入学年份、学科和场次。

"学生成绩 .xlsx"中包含 5 个字段，分别为：学生 ID、数学、英语、计算机和总分。

"区域代码 .xlsx"中包含 4 个字段，分别为：区域代码 1、区域代码 2、省份和市区。

为了后续的数据分析，针对该数据进行以下处理：

1. 创建项目

打开 Oracle 可视化软件，创建项目"成绩分析"，添加三个数据集"学生名单"、"学生成绩"和"区域代码"。

2. 数据类型整理

在数据导入的时候，Oracle 可视化软件会自动为导入的数据设置类型，发现"学生 ID"字段被设置为数值型，所以需要将其修改为文本型。

操作步骤

01 在"准备"界面中，选择"学生名单"数据集，单击"学生 ID"字段的右侧菜单，在弹出的快捷菜单中选择"转换为文本"命令。

02 单击脚本面板中的"应用脚本"按钮。

03 同样操作，将"学生成绩"数据集中的"学生 ID"字段转换为文本。

3. 生源地整理

将"学生名单"数据集和"区域代码"数据集进行匹配连接，即将学生身份证号的前 2 位与区域代码 2 进行匹配。

操作步骤

01 在"准备"界面中，选择"学生名单"数据集，单击"身份证号"字段的右侧菜单，在弹出的快捷菜单中选择"拆分"命令，在"拆分列"设置界面进行自定义拆分，如图 8-23 所示，设置"依据"为"位置"，"位置"为"3"，"新列 1 名称"为"区域代码"，不需要"新列 2 名称"（不勾选右侧复选框）。

图 8-23 拆分列

02 单击设置界面上方的"添加步骤"按钮。

03 单击脚本面板中的"应用脚本"按钮。

04 在"准备"界面中,选择"数据图表",设置"学生名单"数据集中的"区域代码"字段和"区域代码"数据集中的"区域代码 2"字段进行连接匹配,如图 8-24 所示。

图 8-24 设置连接

4. 成绩等级整理

由于成绩是个连续的数值,在后续数据分析的时候,需将学生的成绩分为 5 个等级。本次考试满分 100 分,其中:数学 20 分,英语 40 分,计算机 40 分,将各个科目的分数按照百分制折算,等级标准如表 8-2 所示。

表 8-2 等级标准

数 学	英 语	计 算 机	总 分	等 级
18~20	36~40	36~40	90~100	优秀
12~17	24~35	24~35	60~89	合格
0~11	0~23	0~23	0~59	不合格
<0	<0	<0	<0	缺考

操作步骤

01 在"准备"界面中,选择"学生成绩"数据集,单击"数学"字段的右侧菜单,在弹出的快捷菜单中选择"收集器"命令,在"收集列"设置界面进行自定义收集,如图 8-25 所示,设置"新元素名称"为"数学等级","收集器数"为"4","方法"为"手动",等级分为"缺考"、"不合格"、"合格"和"优秀",相对应的数值为"最小值至 0"、">0 至 11"、">11 至 17"和">17"。

02 单击设置界面上方的"添加步骤"按钮。

03 单击脚本面板中的"应用脚本"按钮。

04 同样的方式,设置"英语等级"、"计算机等级"和"总分等级","英语等级"收集列设置如图 8-26 所示,"计算机等级"和英语类似,"总分等级"设置如图 8-27 所示。

图 8-25   "数学等级"收集列设置

图 8-26   "英语等级"收集列设置

图 8-27   "总分等级"收集列设置

8.2.2　人数分析

微　课

人数分析

根据导入的数据，分析和人数有关的数据，例如：参加该考试的各入学年份的人数、性别的人数、各考生类型的人数和各学科的人数等。

1. 入学年份与性别分析

根据考生入学年份与性别分析，如图 8-28 所示，发现参加考试的学生最多的是大二的学生（2016 年入学），其次是大三的学生（2015 年入学），且女生人数较男生人数偏多。

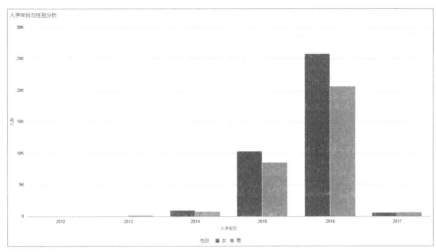

图 8-28 考生入学年份与性别分析

操作步骤

01 将第一张画布命名为"人数分析"。

02 在"数据"面板中,添加计算字段"人数",计算公式为:COUNT(学生 ID)。

03 向画布中添加三个字段数据,"人数"、"入学年份"和"性别"。

04 在"语法"面板中,设置可视化类型为"条形图"。

05 在"语法"面板中,设置 Y 轴的依据为"人数",X 轴的依据为"入学年份",颜色的依据为"性别"。

06 在"属性"面板中,设置该可视化图表的标题为"入学年份与性别分析"。

2. 考生类型分析

根据考生类型分析,如图 8-29 所示,发现参加考试的学生中,全日制专科学生占 66.37%,比全日制本科学生多一倍。

操作步骤

01 在"入学年份与性别分析"可视化图表右侧,添加两个字段数据,"考生类型"和"人数"。

02 在"语法"面板中,设置可视化类型为"环形"。

03 在"语法"面板中,设置值的依据为"人数",颜色的依据为"考生类型"。

04 在"属性"面板中,设置该可视化图表的标题为"考生类型分析",数据标签显示"百分比"和"标签"。

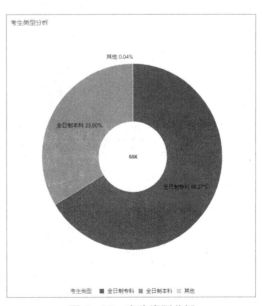

图 8-29 考生类型分析

3. 学科分析

根据考生所属的学科进行分析，如图 8-30 所示，发现参加考试的学生中，工学的学生最多，管理学次之，人数最少的是军事学。

图 8-30　学科分析

操作步骤

01 在"入学年份与性别分析"和"考生类型分析"可视化图表下方，添加两个字段数据，"学科"和"人数"。

02 在"语法"面板中，设置可视化类型为"标记云"。

03 在"语法"面板中，设置值的依据为"人数"，颜色的依据为"学科"。

04 在"属性"面板中，设置该可视化图表的标题为"学科分析"，无图例。

4. 画布

根据以上分析，在画布上方添加一个文本框，输入分析小结，发现参加该考试的考生以大二大三的学生为主，且女生多于男生，专科生多于本科生，也因此，考生以文科和工科为主，理科考生较少，如图 8-31 所示。

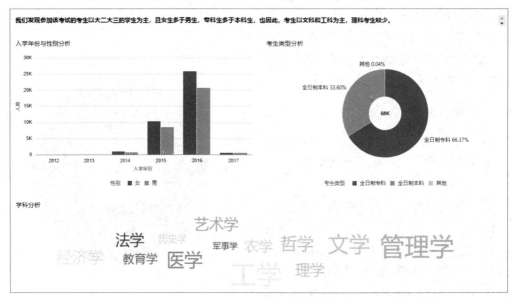

图 8-31　"人数分析"画布

操作步骤

01 在画布上方添加文本框。

02 单击"编辑文本"按钮,输入相应文字并设置格式,如字体、字号、加粗等。

8.2.3　生源地分析

统计分析各个省份的优秀率、合格率和不合格率。由于原始数据源中不包含成绩百分比数据,故在做数据分析之前,先要计算百分比。

微 课
生源地分析

操作步骤

01 新建画布,命名为"百分比计算"。

02 向画布中添加三个字段数据,"总分等级"、"省份"和"人数"。

03 在"语法"面板中,设置可视化类型为"数据透视表"。

04 在"语法"面板中,设置列的依据为"总分等级",行的依据为"省份",值的依据为"人数"。

05 为了能够计算各个省份的总人数,在"语法"面板中的行的依据里面再添加一个"人数"字段。

06 在"属性"面板中,设置数据混合模式为"定制","学生名单"数据集为主表(设置为所有行),其他数据集为辅表(设置为匹配行)。

07 在"属性"面板中,设置该可视化图表的标题为"百分比计算"。

08 在该可视化图表的空白区域处,右击后在弹出的快捷菜单中,选择"编辑"→"复制所有数据"命令,将数据复制到 Excel 中,如图 8-32 所示,将 Excel 文件命名为"百分比 .xlsx"。

09 打开"百分比 .xlsx",在 A1 单元格内输入"省份",在 A2 单元格内输入"总人数",删除第二行,增加 4 个字段"不合格率"、"优秀率"、"合格率"和"缺考率"。

10 在 G2 单元格内输入计算公式:=C2/$B2,然后,将该公式自动填充至 G2:J32 区域。

11 D8 单元格数据缺失,设置其值为 0。

12 保存并关闭该 Excel 文件,文件命名为"百分比计算 .xlsx"。

	A	B	C	D	E	F
1		总分等级	不合格	优秀	合格	缺考
2	省份	人数	人数	人数	人数	人数
3	上海市	24358	7007	759	12014	4578
4	云南省	947	263	35	474	175
5	内蒙古自治	587	185	23	277	102
6	北京市	24	6	1	13	4
7	吉林省	303	91	12	140	60
8	四川省	1942	569	48	937	388
9	天津市	48	15		19	14
10	宁夏回族自	251	70	5	114	62
11	安徽省	8427	2517	252	4046	1612
12	山东省	2098	595	66	1061	376
13	山西省	1492	473	45	706	268
14	广东省	848	223	34	436	155
15	广西壮族自	828	231	24	410	163
16	新疆维吾尔	984	304	27	460	193
17	江苏省	4531	1301	144	2263	823
18	江西省	2703	797	100	1307	499
19	河北省	715	177	22	367	149
20	河南省	3230	921	100	1619	590
21	浙江省	4941	1410	173	2430	928
22	海南省	429	121	12	219	77
23	湖北省	748	221	22	367	138
24	湖南省	637	177	24	321	115
25	甘肃省	1392	403	43	665	281
26	福建省	1247	347	27	638	235
27	西藏自治区	126	29	5	61	31
28	贵州省	1564	422	50	806	286
29	辽宁省	575	154	16	283	122
30	重庆市	661	208	20	305	128
31	陕西省	543	166	17	251	109
32	青海省	190	60	9	89	32
33	黑龙江省	816	238	27	390	161

图 8-32　百分比数据

13 在"成绩分析"项目中,导入该数据。

根据百分比数据,可以分析各个省份的优秀率、合格率和不合格率,颜色越深代表百分比越大,颜色越浅代表百分比越小,如图8-33所示。

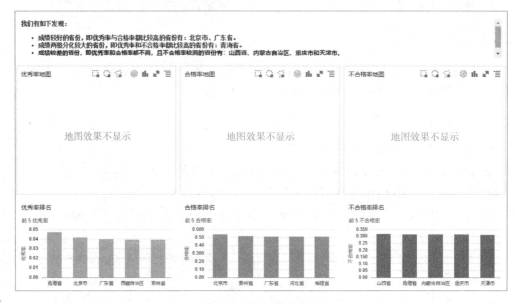

图 8-33 生源地分析

有如下发现:

(1)成绩较好的省份,即优秀率与合格率都比较高的省份有:北京市、广东省。

(2)成绩两极分化较大的省份,即优秀率和不合格率都比较高的省份有:青海省。

(3)成绩较差的省份,即优秀率和合格率都不高,且不合格率较高的省份有:山西省、内蒙古自治区、重庆市和天津市。

🐦 操作步骤

01 新建画布,命名为"生源地分析"。

02 向画布中添加两个字段数据,"省份"和"优秀率"。

03 在"语法"面板中,设置可视化类型为"地图"。

04 在"语法"面板中,设置类别的依据为"省份",颜色的依据为"优秀率",配色为土黄色渐变。

05 在"属性"面板中,设置该可视化图表的标题为"优秀率地图",无图例。

06 在"优秀率地图"可视化图表下方,添加两个字段数据,"优秀率"和"省份"。

07 在"语法"面板中,设置可视化类型为"条形图"。

08 在"语法"面板中,设置值的依据为"优秀率",降序排列,类别的依据为"省份"。

09 在"语法"面板中,设置筛选器的依据为"优秀率",单击筛选器中"优秀率",在弹出的快捷菜单中,设置筛选器类型为"前/后N个",修改筛选器属性为"前5个"。

10 在"属性"面板中,设置该可视化图表的标题为"优秀率排名",无图例,标签轴无标题。

11 同样的方式制作"合格率地图"、"合格率排名"、"不合格率地图"和"不合格率排名"可视化图表，合格率的配色为绿色渐变，不合格率的配色为红色渐变。

12 在画布上方添加文本框，单击"编辑文本"按钮，输入相应文字并设置格式，如字体、字号、加粗等。

8.2.4　成绩分析

使用 IBM SPSS Modeler 18 进行成绩分析，故先把所需的数据从 Oracle 可视化软件中导出。

微　课 ●⋯⋯⋯

成绩分析

● ⋯⋯

 🎮 **操作步骤**

01 新建画布，命名为"成绩数据"。

02 向画布中添加 14 个字段数据，"学生 ID"、"性别"、"专业"、"考生类型"、"入学年份"、"学科"、"省份"、"数学"、"数学等级"、"英语"、"英语等级"、"计算机"、"计算机等级"和"总分等级"。

03 在"语法"面板中，设置可视化类型为"表"。

04 在"语法"面板中，设置行的依据为该 14 个字段。

05 在"属性"面板中，设置该可视化图表的标题为"成绩数据"。

06 在"属性"面板中，设置数据混合模式为"定制"，"学生名单"数据集为主表（设置为所有行），其他数据集为辅表（设置为匹配行）。

07 单击画布右上角的"共享"按钮，选择共享文件，在弹出的对话框中，设置文件名称为"成绩数据"，格式为"数据（csv）"，如图 8-34 所示，单击"保存"按钮，即可导出数据。

08 将"成绩数据 .csv"另存为"成绩数据 .xlsx"。

图 8-34　导出 csv 文件

09 打开 IBM SPSS Modeler 18，将"Excel"源节点添加至编辑区，设置其属性中的"导入文件"为"成绩数据 .xlsx"。

10 保存该数据流，命名为"成绩分析 .str"。

1. 成绩等级分布分析

先分析学生成绩的分布情况，发现所占比例最多的是成绩合格的学生（49.11%），其次是成绩不合格的学生（28.89%），然后是缺考学生（18.85%）和成绩优秀的学生（3.14%），其结果如图 8-35 所示。

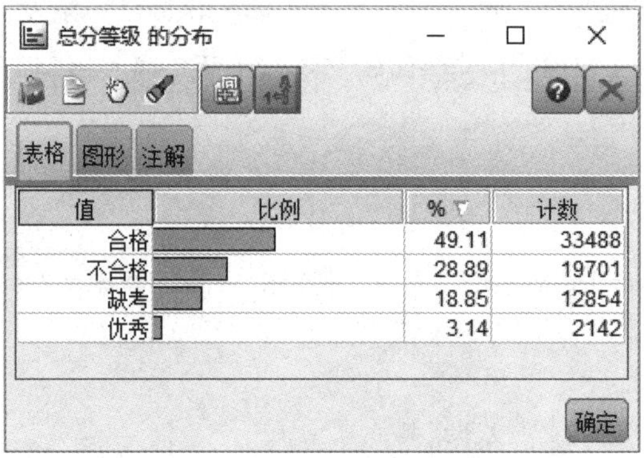

图 8-35　成绩等级分布

操作步骤

01 将"分布"图形节点添加至编辑区，与"Excel"源节点相连。

02 在"分布"节点属性中，设置"字段"为"总分等级"。

03 运行该数据流，在分析结果中按照百分比降序排列，将结果保存为"成绩分布情况 .jpg"，数据流如图 8-36 所示。

图 8-36　成绩分布数据流

2. 科目成绩分析

统考科目共 3 个，数学、英语和计算机，总分 100 分，其中：数学 20 分，英语 40 分，计算机 40 分，针对这 3 个科目成绩分析结果如图 8-37 所示。

发现英语成绩最好，计算机次之，数学较差，且英语和计算机成绩的分布偏右（偏度分别为 –0.804 和 –0.671），说明英语和计算机的成绩普遍较好，而数学成绩则不太理想（分布偏左，偏度为 0.198）。

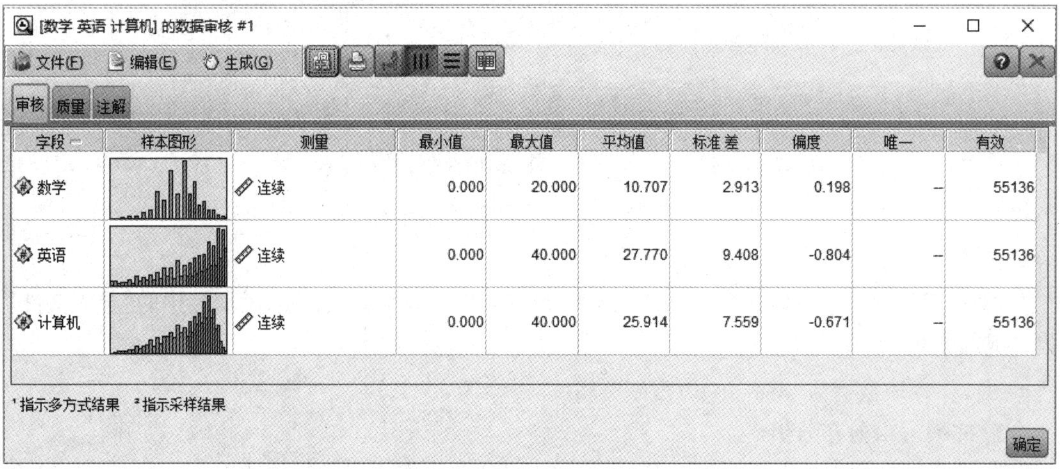

字段	样本图形	测量	最小值	最大值	平均值	标准差	偏度	唯一	有效
数学		连续	0.000	20.000	10.707	2.913	0.198	—	55136
英语		连续	0.000	40.000	27.770	9.408	-0.804	—	55136
计算机		连续	0.000	40.000	25.914	7.559	-0.671	—	55136

¹指示多方式结果　²指示采样结果

图 8-37　科目成绩分析

操作步骤

01 将"类型"字段选项节点添加至编辑区，与"Excel"源节点相连。

02 在"类型"节点属性中，设置"数学"、"英语"和"计算机"3 个字段的角色为"输入"，其余字段的角色为"无"。

03 将"选择"记录选项节点添加至编辑区，与"类型"字段选项节点相连。

04 在"选择"节点属性中，设置"条件"为"数学 >=0 and 英语 >=0 and 计算机 >=0"，即去除缺考数据。

05 将"数据审核"输出节点添加至编辑区，与"选择"记录选项节点相连。

06 运行该数据流，将结果保存为"科目成绩分析 .jpg"，数据流如图 8-38 所示。

图 8-38　科目成绩分析数据流

3. 成绩相关性分析

根据 3 个科目的成绩，在数据整理时将成绩分为 4 个级别，"优秀"、"合格"、"不合格"和"缺考"，分析这 3 个科目之间是否有关联性，分析结果得到 5 条相关性规则，其结果如图 8-39 所示。根据分析结果，发现英语和计算机的关联性较强（英语不合格可能会导致计算机不合格，英语合格可能有助于计算机合格，计算机不合格可能会导致英语不合格），而英语不合格或者计算机不合格都有可能导致数学不合格。

后项	前项	支持度百分比	置信度百分比
计算机等级 = 不合格	英语等级 = 不合格	28.584	97.817
数学等级 = 不合格	计算机等级 = 不合格	33.29	89.703
计算机等级 = 合格	英语等级 = 合格	43.812	88.363
数学等级 = 不合格	英语等级 = 不合格	28.584	85.869
英语等级 = 不合格	计算机等级 = 不合格	33.29	83.988

图 8-39　成绩相关性

操作步骤

01 将"类型"字段选项节点添加至编辑区，与"Excel"源节点相连。

02 在"类型"节点属性中，设置"数学等级"、"英语等级"和"计算机等级"3 个字段的角色为"任意"，其余字段的角色为"无"。

03 将"选择"记录选项节点添加至编辑区,与"类型"字段选项节点相连。

04 在"选择"节点属性中,设置"条件"为"数学 >=0 and 英语 >=0 and 计算机 >=0",即去除缺考数据。

05 将"Apriori"建模节点添加至编辑区,与"选择"记录选项节点相连。

06 在"Apriori"节点属性中,设置"模型名称"为"成绩相关性分析","最低条件支持度"为"10","最小规则置信度"为"80","最大前项数"为"1"。

07 运行该数据流,在模型窗格中,浏览分析结果,将结果保存为"成绩相关性分析 .jpg",数据流如图 8-40 所示。

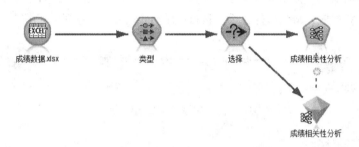

图 8-40 成绩相关性分析数据流

4. 总分级别预测

根据学生的个人情况,预测学生的总分情况,在预测参数中,影响因子最大的是性别(74%),其次是入学年份(9%)、省份(8%)、考生类型(5%)、学科(3%),其结果如图 8-41、图 8-42 所示。

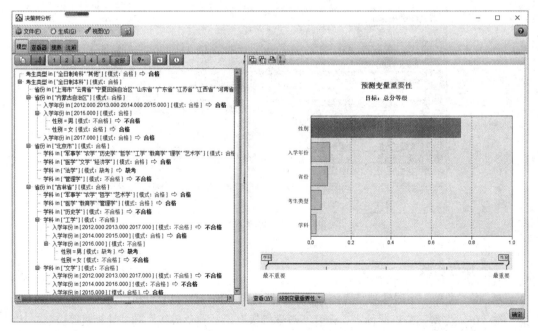

图 8-41 决策树分析

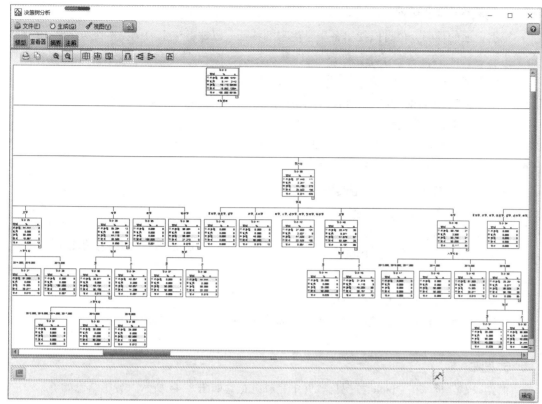

图 8-42　决策树分析－树状结构（部分）

根据绘制出来的决策树，可以依据各个影响因子预测学生的成绩。预测规则举例如下：

考生类型为"全日制专科"或者"其他"的学生，可以预测其成绩为"合格"。

考生类型为"全日制本科"，省份为"内蒙古自治区"，入学年份为"2016"，性别为"男"的学生，可以预测其成绩为"不合格"。

类似的规则集较多，在此不一一叙述。

操作步骤

01 将"类型"字段选项节点添加至编辑区，与"Excel"源节点相连。

02 在"类型"节点属性中，设置"入学年份"的类型为"名义"。

03 在"类型"节点属性中，设置"性别"、"考生类型"、"入学年份"、"学科"和"省份"5 个字段的角色为"输入"，设置"总分等级"字段的角色为"目标"，其余字段的角色为"无"。

04 将"C5.0"建模节点添加至编辑区，与"类型"字段选项节点相连。

05 在"C5.0"节点属性中，设置"模型名称"为"决策树分析"，"模式"为"专家"，"修剪严重性"为"50"。

06 运行该数据流，在模型窗格中，浏览分析结果，将结果保存为"决策树分析 .jpg"，数据流如图 8-43 所示。

5. 缺考学生用户画像

根据上面的预测，也可以找出各类学生群的特征，以缺考学生为例，本次考试有18.85%的学生缺考，即12 854名学生，如图8-43所示，以每60个学生配备一个教室以及2名监考教师的标准来计算，这批缺考学生需要约214个教室，428人次的监考，在目前考试资源相当有限的情况下，这是很大的浪费，因此根据缺考学生群的特征，相关考点可以有针对性的编排考场，合理分配考试资源，尽量减少浪费。缺考学生特征举例如下：

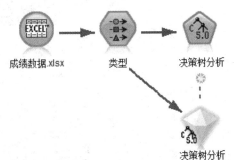

图8-43　决策树分析数据流

缺考学生的特征之一：考生类型为"全日制本科"，省份为"北京市"，学科为"法学"。

缺考学生的特征之二：考生类型为"全日制本科"，省份为"吉林省"，学科为"工学"，入学年份为"2016"，性别为"男"。

类似的特征较多，在此不一一叙述。

同样的，也可以找出不合格学生群的特征，教师可以对这些学生有针对性地进行辅导，以提升这些学生的学习效果。

6. 画布

根据以上分析，在Oracle可视化软件中完成画布，如图8-44所示。分析结论如下：

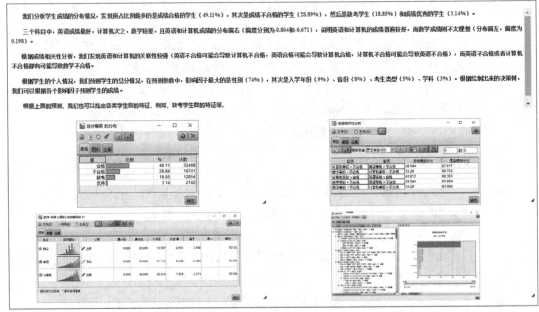

图8-44　成绩分析画布

分析学生成绩的分布情况，发现所占比例最多的是成绩合格的学生（49.11%），其次是成绩不合格的学生（28.89%），然后是缺考学生（18.85%）和成绩优秀的学生（3.14%）。

三个科目中，英语成绩最好，计算机次之，数学较差，且英语和计算机成绩的分布偏右（偏度分别为 –0.804 和 –0.671），说明英语和计算机的成绩普遍较好，而数学成绩则不太理想（分布偏左，偏度为 0.198）。

根据成绩相关性分析，发现英语和计算机的关联性较强（英语不合格可能会导致计算机不合格，英语合格可能有助于计算机合格，计算机不合格可能会导致英语不合格），而英语不合格或者计算机不合格都有可能导致数学不合格。

根据学生的个人情况，预测学生的总分情况，在预测参数中，影响因子最大的是性别（74%），其次是入学年份（9%）、省份（8%）、考生类型（5%）、学科（3%）。根据绘制出来的决策树，可以依据各个影响因子预测学生的成绩。

根据上面的预测，也可以找出各类学生群的特征，例如，缺考学生群的特征等。

操作步骤

01 新建画布，命名为"成绩分析"。

02 在画布中添加文本框，单击"编辑文本"按钮，输入分析结论并设置格式，如字体、字号、加粗等。

03 在画布下方，添加图像框，单击"选择图像"按钮，在弹出的对话框中选择"成绩分布情况 .jpg"图像文件，单击"确定"按钮。

04 在"属性"面板中，设置该图像的对齐方式为"水平垂直均居中对齐"，宽度和高度均为"自动适合"。

05 同样的方式，在画布中添加"科目成绩分析 .jpg"、"成绩相关性分析 .jpg"和"决策树分析 .jpg"图像文件，排版如图 8-44 所示。

8.2.5　封面

为本次数据分析制作封面，如图 8-45 所示。

图 8-45　封面

操作步骤

01 新建画布，命名为"封面"。

02 在画布中添加文本框，单击"编辑文本"按钮，输入项目名称，并设置格式，如字体、字号、加粗、对齐方式等。

03 在画布下方，添加图像框，单击"选择图像"按钮，在弹出的对话框中选择"封面.jpg"图像文件，单击"确定"按钮。

04 在"属性"面板中，设置该图像的对齐方式为"水平垂直均居中对齐"，宽度和高度均为"自动适合"。

05 在画布中添加文本框，单击"编辑文本"按钮，输入人员信息、公司名称和日期，并设置格式，如字体、字号、加粗、对齐方式等。

8.2.6 结论

微　课

制作统考成绩
分析结论

根据之前的数据分析，制作分析结论画布，文字内容包含之前的分析结果和相应的意见建议，如图 8-46 所示。

分析结论如下：

根据人数分析，发现该考试的考生以大二大三的学生为主，且女生多于男生，专科生多于本科生，且考生以文科和工科为主，理科考生较少。

根据生源地分析，发现：

（1）成绩较好的省份，即优秀率与合格率都比较高的省份有：北京市、广东省。

（2）成绩两极分化较大的省份，即优秀率和不合格率都比较高的省份有：青海省。

（3）成绩较差的省份，即优秀率和合格率都不高，且不合格率较高的省份有：山西省、内蒙古自治区、重庆市和天津市。

分析学生成绩的分布情况，发现所占比例最多的是成绩合格的学生（49.11%），其次是成绩不合格的学生（28.89%），然后是缺考学生（18.85%）和成绩优秀的学生（3.14%）。

三个科目中，英语成绩最好，计算机次之，数学较差。

根据成绩相关性分析，发现英语和计算机的关联性较强，而英语不合格或者计算机不合格都有可能导致数学不合格。

在预测学生的总分情况时，预测参数中，影响因子最大的是性别（74%），其次是入学年份（9%）、省份（8%）、考生类型（5%）、学科（3%）。根据预测，也可以找出各类学生群的特征。

建议如下：

根据学生的个人情况，与各类学生特征群进行比对，针对可能成绩不合格的学生给予一定的课程辅导，针对可能缺考的学生进行调研，了解缺考的原因并尽量给予帮助，避免缺考。

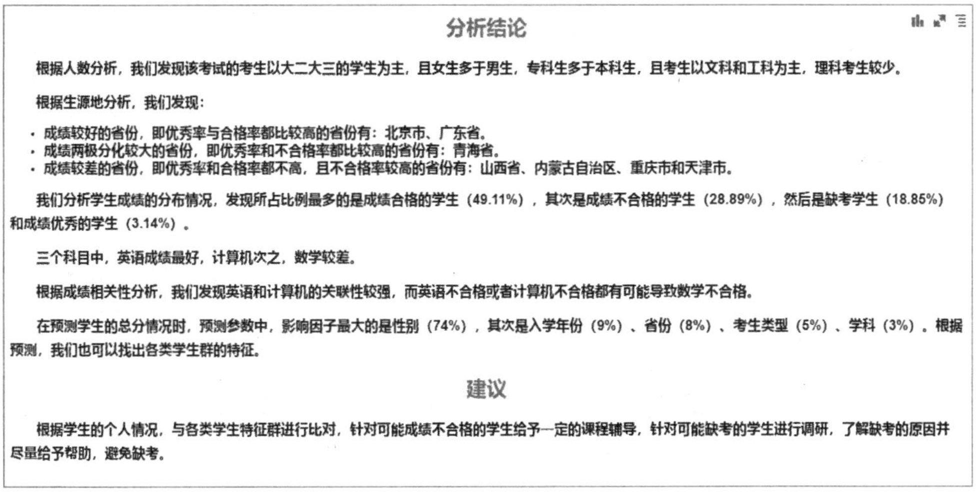

分析结论

根据人数分析，我们发现该考试的考生以大二大三的学生为主，且女生多于男生，专科生多于本科生，且考生以文科和工科为主，理科考生较少。

根据生源地分析，我们发现：

· 成绩较好的省份，即优秀率与合格率都比较高的省份有：北京市、广东省。
· 成绩两极分化较大的省份，即优秀率和不合格率都比较高的省份有：青海省。
· 成绩较差的省份，即优秀率和合格率都不高，且不合格率较高的省份有：山西省、内蒙古自治区、重庆市和天津市。

我们分析学生成绩的分布情况，发现所占比例最多的是成绩合格的学生（49.11%），其次是成绩不合格的学生（28.89%），然后是缺考学生（18.85%）和成绩优秀的学生（3.14%）。

三个科目中，英语成绩最好，计算机次之，数学较差。

根据成绩相关性分析，我们发现英语和计算机的关联性较强，而英语不合格或者计算机不合格都有可能导致数学不合格。

在预测学生的总分情况时，预测参数中，影响因子最大的是性别（74%），其次是入学年份（9%）、省份（8%）、考生类型（5%）、学科（3%）。根据预测，我们也可以找出各类学生群的特征。

建议

根据学生的个人情况，与各类学生特征群进行比对，针对可能成绩不合格的学生给予一定的课程辅导，针对可能缺考的学生进行调研，了解缺考的原因并尽量给予帮助，避免缺考。

图 8-46　结论

操作步骤

01 新建画布，命名为"分析结论"。

02 在画布中添加文本框，单击"编辑文本"按钮，输入分析结论，并设置格式，如字体、字号、加粗、对齐方式等。

8.2.7　叙述

将做好的画布添加到叙述中，方便演示。

操作步骤

01 切换到"叙述"界面，依次添加五张画布，"封面"、"人数分析"、"生源地分析"、"成绩分析"和"分析结论"。

02 单击右上角的"表示"按钮，用于演示。演示结束，可单击右上角的"关闭"按钮 ✕ 退出表示模式，最后保存并导出该项目文件（包含数据，无需密码），项目文件命名为"成绩分析 .dva"。

附录 A
数据分析报告评分表

作品名称：

学院：　　　　　　　　专业：　　　　　　　　班级：

小组成员及分工（学号 + 姓名 + 分工）：

地点：　　　　　　　　日期：

编　号	项　目	要　求	分　值	得　分	备　注
1	演讲的仪表、仪态等		5		
2	演示文档	要有封面、分析过程和结论	5		PPT 文档
3	可视化图表	人均 >=5 张，形式多样	20		dva 文档
4	数据挖掘	每组至少一个数据建模	10		str 文档和数据源
5	数据分析	条理性、合理性	20		
6	报告撰写	结构合理、排版正确人均字数 >=1 000 字	20		Word 文档，打印版封面上写明分工及签名（学号姓名），封面右上角写上组号
7	现场制作		20		
总　分			100		

注：每组 3–4 人，每组 5 分钟演讲 +5 分钟现场制作。

　　补考以考试形式进行，现场制作 4 张图表和 1 个数据挖掘流程，考试时间和地点由教务处统一安排。

附录 B
数据分析报告示例

数据分析报告

高校学生考试成绩

2019/3/6

撰写人：盛家骏 翁少逸 蒋雨蔚

上海杉达学院

目　录

图　目　录

第1章　分析背景

随着高校办学规模的不断扩大，学生人数的日渐增多，高校使用的各种管理系统如学籍管理系统、成绩管理系统中积累了大量与学生学业相关的数据，而高校管理者只能通过简单的操作获得浅显的表面信息，这些数据中还有大部分的隐性数据没有被开发和利用。在本次数据分析中，以"计算机基础"（下文称"计算机"）、"英语"、"数学"三门科目为例，收集了 2017 年部分高校这三门科目的统考成绩，并对这三门科目进行集中处理、分析，试图利用 Tableau、SPSS Modeler 等工具对数据进行可视化操作和数据挖掘处理，以期找到影响学生三门科目的主观因素，从而为众高校改进教学质量和指导学生学习提供依据，为学生打下扎实的学历基础。

第2章　数据预处理

（略）

第3章　考卷类型与科目难度分析

3.1　考试科目差异分析

本次统考包含 3 个科目，分别为数学、英语和计算机。针对这些科目进行分数统计，如图 B-1 所示，从图中可以看出数学的分数分布是接近正态分布的，而英语与计算机的分数分布则是偏右的。英语和计算机的分布呈偏右趋势，说明学生普遍考得比较理想，这一现象的产生原因可能是由于大学中不同专业中计算机的基础教育与英语都占有比较重的地位，而数学由于课程较难，不同专业对其重视程度不同，导致得分较低。

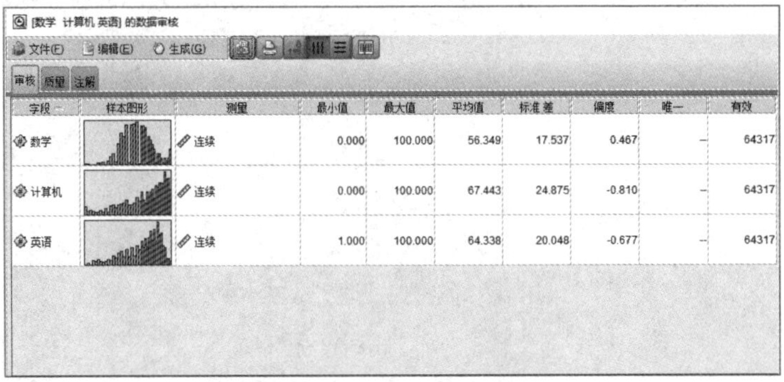

图 B-1　考试科目与成绩分布

3.2　考试难度差异分析

本次数据分析中，采用的试卷有 A ~ H，总共 8 套试卷，分析了 8 套试卷的平均分的波动，如图 B-2 所示，从图中可以发现 8 套试卷中平均分波动不大，则可以认为 8 套试卷难度基本相同。

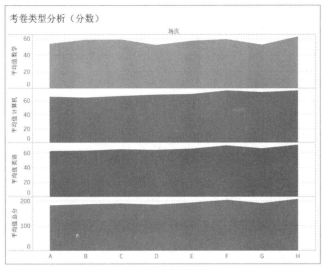

图 B-2　平均分分析

同时分析了 8 套试卷各个科目方差的波动，如图 B-3 所示，从图中可以发现英语与计算机的方差都没有特别大幅度的变化，而数学的方差不仅基值大，而且变化幅度比计算机与英语考试大，说明数学分数的差异远远大于计算机与英语的差异。

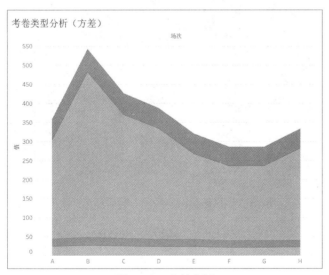

图 B-3　方差分析

3.3　考卷类型与科目难度分析小结

在考卷类型与科目难度分析中，分析了不同场次中的学生的平均分与不同科目间分数分布与方差。通过科目间差异分析，能了解到学生对不同科目的掌握情况，并有利于对接下来的数据分析做出合理的判断。而在科目难度差异分析中，发现不同场次间的分数波动不大，所以在此假设不同学校对学生的期望值相同，不同学校的数据可以汇总在一起进行分析。

第4章 分数因素分析

4.1 考试分数与年级分析

4.1.1 考试分数与年级整体分析

统计研究各个科目的平均值与不同年份的学生（即不同年级间的学生）之间的关系，其结果如图 B-4 所示。纵观 2013 级到 2017 级学生总分平均值，平均值最高的是 2017 级即大一年级的学生。但是通过比较可以发现大一与大二学生差距在 1 分以内，通过 SPSS 的 t 检验 p 值为 0.75，说明这 1 分的差距并不具有统计上的差异，并且通过比较大一大二两个年级三门科目间的成绩，可以发现大二的学生比起大一的学生发挥更稳定，说明相对于大一学生，大二学生综合素质更高。

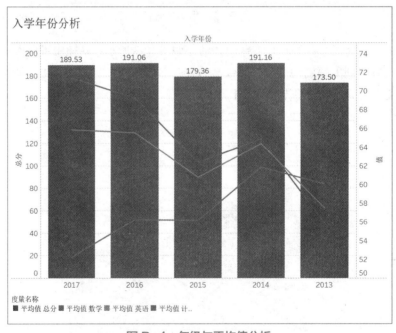

图 B-4　年级与平均值分析

通过比较不同科目和入学年份的关系可以发现英语成绩和计算机基础成绩整体呈负相关，即在大一大二时成绩普遍较好，这和高考制度有一定的关系，高考的科目中包含英语和计算机，大部分大学生刚入学时英语和计算机有良好的基础，但是高等数学与高中数学存在一定的差异，导致整体上大一新生的表现不如高年级的学生。

但数学成绩随着入学年份的增加，总体成绩越来越好。这说明数学需要课后练习的积累，或者说大二大三的学生对考试题型和概念了解得更清楚，因此分数较高。

4.1.2　考试分数与特殊年份分析

在分析分数与入学关系时，发现大三大四之间出现比较大的差距，为了分析其中的原因，单独分析了 2014 级、2015 级学生与专业的关系。根据图 B-5 所示发现其中医学学生的分数对 2014 级的影响较大且由于医学专业的特殊性（5 年制），因此决定去掉医学专业的数据。

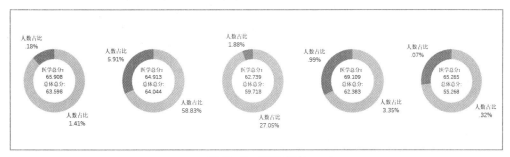

图 B-5　医学占比

在删除医学专业的数据后重新绘制了学年与分数的图表，图中计算机 2014 级的学生远不如 2015 级的学生，这说明计算机这门学科，需要大量的练习和操作时间，2014 级学生缺乏复习的时间。但 2015 级与 2014 级学生英语成绩差距在 1 分以内。为了分析 2014 级与 2015 级之间英语成绩的差异，先假设 2014 级与 2015 级英语成绩之间无差异，使用 SPSS 的 t 检验如图 B-6 所示，发现 p 值为 0.28，拒绝 2014 级与 2015 级英语成绩之间无差异的原假设。通过该检验还了解到 2014 级英语成绩略优于 2015 级学生，这说明英语成绩的高低也和平时的基础积累有关。而数学成绩整体和删除医学专业数据之前一样，依旧是保持一个稳步上升的趋势。

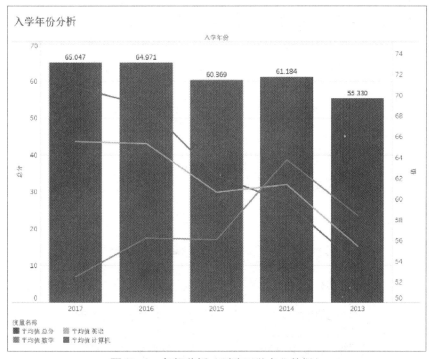

图 B-6　年级分析（删除医学专业数据）

4.2　考试分数与学历的关系

为了研究本科与专科之间的分数差别，绘制了如图 B-7 所示的雷达图，从图中可以发现，本科学生的数学、英语成绩优于专科学生的数学、英语成绩。其中，数学成绩在本科与专科学生之间差距较大为 11 分，说明本科生接受的数学教育和数学基础远比专科生好。而英语成绩在本科与专科学生之间的差别较小为 3 分，说明本科与专科都十分重视英语教育。

与数学和英语不同的是，计算机基础教育反而是专科生比本科生高，专科生由于工作和专升本的需要对计算机较为重视，而本科学生对这门学科并没有刚性需求，导致在计算机成绩上产生上述情况。

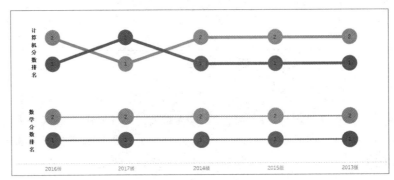

图 B-7　科目排名

4.3　分数与专业的分析

专业与数学、计算机、英语三门科目的关系如图 B-8 所示，可以发现专业与三门成绩成正相关，计算机分数最高，数学成绩最低，其中理科的数学成绩偏高，说明理科学生由于专业的关系，比起英语与计算机来说，对数学更为擅长。艺术学与农学的数学成绩相对来说都相对偏低。

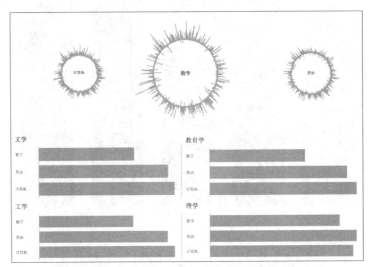

图 B-8　专业分析

4.4　偏科分数分布

在数据分析中发现偏科现象还是较为普遍的，为了能更好地了解偏科学生的成绩分布，绘制了偏科学生的三维散点图如图 B-9 所示。其中紫色部分是数学偏科，绿色是计算机偏科，黄色是英语偏科。从图中可以发现整个图可以划分为两个部分，而不是分为数学、计算机、英语偏科三个部分。英语偏科的计算机分数也都基本达到优秀，可以说明造成偏科情况发生的不及格科目大部分是数学。

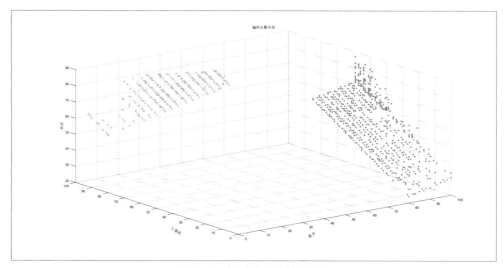

图 B-9　偏科学生成绩散点图

在偏科分数分析中可以发现英语分数与计算机有较强的相关性，为了更好地研究科目间的关系绘制了科目间的散点图如图 B-10 所示，从图中发现英语 – 计算机之间具有相关性。英语与计算机两门学科是需要大量时间复习的，所以一般肯努力复习的人一般都有比较好的成绩，这与偏科分数分析中的聚类分析结果一致。而数学与英语这两门学科在统考的分配上是占比比较大的两门学科，学生一般会对这门学科比较重视，所以他们之间也具有相关性。

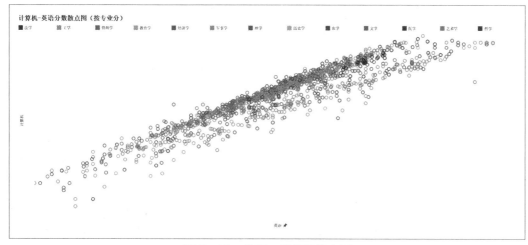

图 B-10　英语 – 计算机散点图

在相关分析的基础上，进行了 Apriori 关联规则分析（见图 B-11），来挖掘三门科目间的潜在关系，其中设置最小支持度为 20%，最小置信度 80%。在 6 个关联规则中可以发现：

（1）英语等第为"优秀">= 计算机等第为"优秀"。

（2）计算机等第为"不合格">= 英语等第为"不合格"。

（3）英语等第与数学等第为"不合格">= 计算机等第为"不合格"。

从上面的关联规则中也可以发现，计算机与英语之间有着强相关性，在预测中可以看到英语为优秀的学生，计算机也有很大可能获得优秀，这与偏科分数散点图中的分析结果一致。

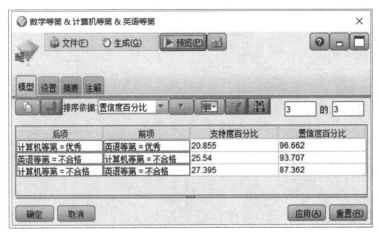

图 B-11　关联规则分析

4.5　分数与区域

为了研究区域与分数之间的关系，分析了各科目分数、统考总分与区域的关系，在数学的区域分析中排除了北京与天津两个地方的分数，这是因为天津与北京的平均分都将近 70 分，远远大于其他省市，以至于不能突显各省市间的差距，再加上天津与北京的学生数据量较小不具有普遍意义所以加以排除。

观察区域与分数的关系可以看出东南部沿海地区分数较高，西部地区分数较低。三门科目中，省份间颜色不发生变动的是新疆、西藏、甘肃等，这些省 / 自治区的平均分整体低于平均线。东南沿海地区整体发挥比较稳定理想。内蒙古、吉林、四川等省 / 自治区，虽然在数学上发挥不佳，但是在英语和计算机上发挥都还算稳定。

在总分与区域分析基础上，进一步细分研究等第与区域的关系时，可以发现优秀率的分布与数学成绩分布大致一样，虽然数学成绩只占统考的 20%，但是想要在三门总分上取得好成绩，数学依然不能轻视。其中，较为特殊的是北京市的优秀率为 23%，上海的优秀率只有 15%。导致北京总分较低的原因是较高的缺考率，为 42%。

南部地区的合格率普遍较高，为 56%，西部地区普遍较低，为 40%。合格率整体的分布与总分的分布相似。不合格率与总分分布正好相反。西部地区不合格率高，东南沿海地区不合格率低。这从一定程度上说明教育水平的差异，西部地区的教育水平普遍较弱。

4.6 用户画像

将学生的入学年份、学科、学历、省份、性别作为参照属性，通过 C 5.0 算法构建学生考试等第的决策树，预测变量重要性结果如图 B-12 所示，根据该结果发现多个预测等第的参数中，学历占较大的影响因子（43%），其次是入学年份（31%）、学科（19%）、性别（6%）以及省份（1%）。

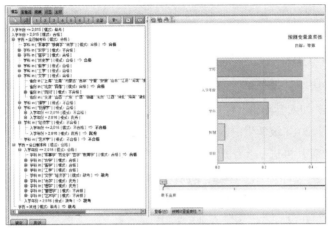

图 B-12 决策树

同时，根据绘制出来的决策树，如图 B-13 所示（部分决策树），可以根据各个影响因子预测学生的考试等第，如入学年份为"2017 年"的本科学生，考试等第预测结果为"缺考"，而入学年份为"2012 年"和"2013 年"的学生，考试等第预测结果为"不合格"或者"缺考"，这较符合实际情况，2017 年的学生即大一学生，因为刚进入大学还在学习相关课程，这些学生基本上都是在入学前就学习过相关知识的学生，所以合格率相对比较高，而 2012 年和 2013 年的学生都是留级的学生，自身的学习态度和能力都比较差，因此，不仅合格率低，而且缺考率也高。

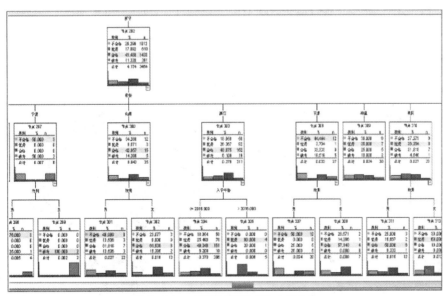

图 B-13 预测变量重要性（部分）

针对入学年份为"2016 年"的学生即大二学生，为了更好地分析数据，将学科、学历、省份以及性别都作为影响因子导入，得到多个规则集，如入学年份为"2016 年"，学历为"全日制本科"，学科为"管理学"，省份为"湖北"的女学生，考试等第预测结果为"合格"，而同样情况的男学生的考试等第预测结果为"不合格"，类似的规则集较多，在此不一一叙述。

根据这些规则集，教师可以对预测结果为不合格的学生有针对性地进行辅导，以提升这些学生的学习效果。

4.7　分数因素分析小结

在分数因素分析中，将学年、学历、省份、性别、专业作为因子分析与分数的关系。对于比较复杂的因子，如入学年份、计算机与英语这两门学科：2015 级学生远低于 2014 级学生，这与实际情况不符，2014 级学生的复习时间远少于 2015 级学生，分数差距不应该那么大。所以针对这样的因子对其再进一步细分，如 2015 级与 2014 级这两级的特殊情况，细分了他们的专业。发现其中导致 2015 级与 2014 级差距那么大的原因是由于医学专业成绩和参加人数与别的专业有比较大的差别，医学的学制与普通专业学制也有区别。因此，在最后给出关于入学年份的结论时，并没有考虑医学专业的学生。

在分数的分析中，不仅做出了各因子与分数之间的可视化分析，还运用了统计上的一些检验方法对部分分析结果做出了假设检验，让分析结论更可靠。同时还加入了聚类分析，让决策者对学生整体的成绩分布有一个大概的了解。最后运用 SPSS Modeler 的决策树对各因子做出分析与预测。

值得注意的是：在本次的分数分析中，删除了缺考的学生，主要分析为实际参加考试的学生，而对于缺考学生的分析，将在第 5 章中详细地进行分析。

第 5 章　缺考率因素分析

5.1　缺考率与入学年份的关系

利用气泡图分析缺考率与入学年份的关系，其结果如图 B-14 所示。从图中能看出，虽然入学年份为 2014 年的学生，即大四学生的总分表现比较理想，但是缺考率十分高，大四学生的缺考率高达 41%。2013 年入学的学生大多为留级的学生，他们的缺考率是最高的 57%。

5.2　缺考率与学历分析

5.2.1　缺考率与学历按性别分析

在本次数据分析中，男生的表现相对于

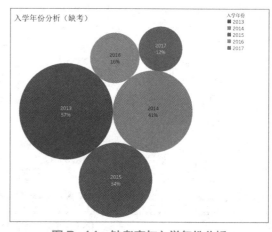

图 B-14　缺考率与入学年份分析

女生来说较不理想，所以在学历基础上对性别进行细分，其结果如图 B-15 所示。在男女总分成绩几乎持平的情况下，专科和本科中的男生的缺考率远高于女生。本科中男生的缺席率甚至超过 30%。说明本科学校中有一大部分男生缺乏对考试的重视，更容易缺席考试。这是由于本科教育风格比较自由，在学习和生活的管理上普遍宽松，这也导致自控力比较弱的学生在学习上比较容易分心，缺乏自制力，最终缺席考试。

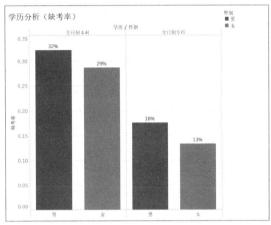

图 B-15　学历 - 缺考率（性别）

反观专科生，他们在入学时就有明确的目标，毕业后即工作，所以他们学习的目的性比本科生强。俗话说：生活中没有目标就如航海时没有罗盘。学习也是如此，有了一个明确的目标，专科的学生能更好地规划自己的学习、生活。

5.2.2　缺考率与学历按入学年份分析

在缺考率与学历按入学年份分析中，2017 级学生缺考率为 12%，是 2013 ~ 2017 级中缺考率最低的，而决策树分析中 2017 级本科的等级预测为"缺考"，利用堆叠图（见图 B-16）研究学历与缺考率的关系。从图中可以发现 2017 级本科生缺考率为 43%，远远超过 2016 级本科，决策树预测结果与实际情况相同。从堆叠图中也明显地表示，本科生缺考情况远远超过专科生。

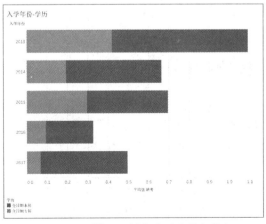

图 B-16　学历 - 缺考率（入学年份）

5.3 缺考率与专业的分析

三门总分与缺考率的关系结果如图 B-17 所示，总分与缺考率有一定的负相关，其中，军事学的学生缺考率则远远低于平均缺考率 22%，为 5%，这是由于军事学的学生有较强的纪律性；历史学的学生数据量只有 52 条，因此其分数与缺考率都很高的原因可能是由于数据量少导致的。从本条数据中也能看出各专业是否严格遵守学习考试的纪律。

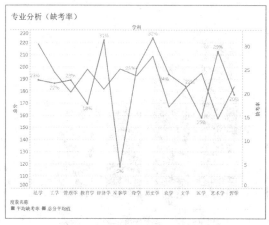

图 B-17　缺考率与专业分析

5.4 缺考率与区域分析

为了研究缺考率与区域的关系，将缺考率与总分平均值作对比，发现其中缺考率最高的省份集中在西部地区学生，东南沿海地区学生的缺考率相对较低。缺考率省份分布与总分分布近似相反。青海等地的学生缺考率虽然较低，但是整体的发挥也不是很理想。

5.5 缺考因素分析小结

在缺考因素的分析中，分析的模式与分数因素方法基本相同，先着手一些比较明显的因子，研究各因子与缺考率之间的关系。在缺考因素的分析中发现，缺考率与分数之间存在一定的关系，所以在区域因素与缺考率的分析中加入了分数的分析作为对比，让差异更直观。

第 6 章　研究结论与总结

在本次的数据分析中，分析了某市部分高校的计算机基础、英语、数学三门科目的成绩，分析的因素有分数、等级、省份、专业、入学年份、性别、偏科情况等 7 个因素，并按分数因素分析和缺考率因素分析两个主题进行讨论。由于分析关键为分数分析，所以主要围绕分数分析进行总结。

在入学年份的分析中发现，英语与计算机的趋势是随着入学年份的升高而下降的，而数学与计算机和英语的趋势正好相反，随着入学年份的升高而上升。偏科情况与分数趋势几乎一致，即分数越高，偏科情况越严重。其中大一的偏科情况最为严重，大部分是由数学不及格导致的。

对于校方来说，不同年级的科目侧重点需要有所区别，如在大一大二应该重点加强学生数学方面的学习，他们刚刚接触高校的数学，对其学习方法、思路不是很了解，相较于直接传授他们相关的知识不如花一点时间让他们明白高数与高中数学的差异，并通过集中教育提高学生对高等数学的重视程度。

对于大三大四的学生，应该重点督促英语和计算机，这两门科目需要大量的复习时间和操作时间。而且，不仅要督促他们科目的复习，还要提醒他们不要缺席考试，在缺考分析中大三大四缺考率都超过 30%，这么高的缺考率显然是一个大问题，各高校可以将更多的时间花在如何降低缺考率上，否则这是对考试资源的极大浪费。

学科作为影响分数的第三大因子，需要校方特别关注。例如艺术专业，他们不是很重视文化课程，导致他们的分数整体都不理想，而理科的学生，虽然他们的计算机与英语发挥一般，但是由于专业的特殊性，他们的数学在所有专业中分数最高。较稳定的是法学的学生，他们的整体发挥都比较理想。在专业的偏科情况中，理科学生和工科学生的数学偏科情况最多，其他的专业相对理工科来说数学偏科的情况较少。英语的偏科情况较为普遍，不过其中最严重的是计算机专业的偏科，偏科率几乎都超过 10%，军事学甚至超过 20%。其中大多是由于数学不及格导致的偏科。

对于理工科学生来说校方应重点抓英语和计算机方面的教育。对于军事学则需要加强数学方面的教育与重视。

本科学生成绩整体比专科学生成绩高，其中数学最具优势，英语其次。而计算机平均成绩比专科低 3 分。专科由于专升本与工作的需要对计算机的基础应用更为重视。在本科学生的计算机成绩中，男生的成绩比女生成绩低 4 分，而女生的成绩与专科分数几乎持平，说明在本科阶段男生缺乏对计算机的重视，导致分数的下滑。

校方可以根据这个情况加强本科的计算机基础教育，并且对本科男生强调计算机考试与生活中的计算机技巧是不一样的。本科学生的成绩虽然比起专科学生的分数高，但是其缺考率也比专科高，其中男生的缺考率大于女生。校方可以根据这个情况去监督学生，减少缺考学生的数量。

虽然省份是预测影响比较小的因子，但是这不能说明省份不重要，在省份的分析中发现西部经济不发达地区的学生的三门科目发挥都不理想。南方沿海地区的发挥较理想。所以针对西部地区的学生，结合他们的人数也比较少的情况，学校可以对他们进行小班的辅导，或在英语、计算机、数学这些科目开课前进行分班，基础差的学生可以多排一两周的课时进行基础弥补，或者西部地区的高校可以与沿海地区的高校合作从而获得更多的教学资源。

附录 C
Access 基本操作

Access 是由微软发布的关系型数据库管理系统，是 Microsoft Office 套件产品之一，扩展名为 .accdb。作为一个入门级的数据库应用平台和开发工具，它可以直接导入或者连接数据，并且具有强大的数据处理、统计分析能力，可用来开发各类企业的管理软件。

1. Access 数据库中的"对象"

设计数据库的主要目的就是对大量数据进行加工处理，从而获取有用的信息。在 Access 数据库中，用来处理数据的载体称为"对象"。Access 共有 7 个基本"对象"类型，分别是"表"、"查询"、"窗体"、"报表"、"页"、"宏"和"模块"。

（1）"表"是 Access 数据库用来存储数据的对象，是整个数据库的基础，也是其他对象的数据来源。Access 允许一个数据库中包含多个表，用户可以在不同表中存储不同类型的数据，如学生表、选课表、课程表等。用户也可以在表与表之间创建关系，将不同表中的数据关联起来。

（2）利用 Access 的查询功能，可以方便地对数据进行各类汇总统计，并可灵活设置统计的条件，从表中获取所需要的数据。即使要统计上万条记录、十几万条记录，操作依然方便且快速。

（3）"窗体"是 Access 数据库与用户联系的理想界面，是一个美观的"窗口"。在窗体中可以显示数据表，可以查询数据，还可以显示包含图片、声音、视频等多种类型的数据。

（4）"报表"可以将需要的数据进行整理和计算，并将数据按指定的样式打印输出。

（5）"页"是一种特殊的 Web 页，用户可以在 Web 页中与 Access 数据库中的数据连接、查看、修改，为在网络上进行数据发布提供便利。

（6）"宏"是由一系列操作组成的集合，因其可以自动执行重复性工作，所以对一些高频率的操作起到简化的功能。

（7）"模块"是用 VBA 语言编写的程序段，它以 Visual Basic 为内置数据库程序语言来实现某个功能。相对"宏"对象而言，"模块"能实现更加复杂的操作。

2. "表"的基本操作

数据库的设计最重要的就是数据表结构的设计，创建表必须先定义表的结构。在 Access 中，表的结构由字段、数据类型以及字段属性组成。创建表最常见的方式是使用"设计视图"创建。

📝 **范例 C-1**

在 samp1.accdb 数据库文件中创建"student"表，表的结构如表 C-1 所示。

表 C-1　"student"表的结构

字 段 名 称	数 据 类 型	字 段 大 小	主 　 键
学号	文本	5	是
姓名	文本	4	—
性别	文本	2	—
年龄	数字	整型	—
出生日期	日期/时间	—	—
电话号码	文本	11	—
党员否	是/否	—	—
照片	OLE 对象	—	—
简历	备注	—	—

🔧 **操作步骤**

01 打开 samp1.accdb 数据库文件，单击"创建"选项卡"表格"组中的"表设计"按钮，在打开的表设计视图中进行设置。其中，"字段名称"中输入字段名，"数据类型"中选择对应的数据类型，如图 C-1 所示。

字段名称	数据类型	说明
学号	文本	
姓名	文本	
性别	文本	
年龄	数字	
出生日期	日期/时间	
电话号码	文本	
党员否	是/否	
照片	OLE 对象	
简历	备注	

图 C-1　"student"表设置

02 设置字段属性。单击字段名称，在"字段属性"的"字段大小"属性里进行设置。"学号"字段的"字段大小"设置方法如图 C-2 所示。其他字段的设置方法与"学号"字段相似。

03 设置主键。右击"学号"，在弹出的快捷菜单中选择"主键"命令，即可将"学号"字段设置为"主键"；也可单击"学号"后，单击"表格工具|设计"选项卡"工具"组中的"主键"按钮定义主键。

🔊 **注意：**
主键是表中唯一标识一条记录的字段或字段的组合，一个表中只能定一个主键。

04 保存表。可使用快捷键【Ctrl+S】进行保存，并在弹出的"另存为"对话框中输入表的名称为"student"。这样"student"表就能成功创建在 samp1.accdb 数据库文件中。

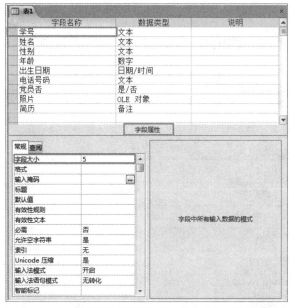

图 C-2   "学号"字段的"字段大小"设置方法

范例 C-2

打开 samp1.accdb 数据库文件，在"系科"表"电话"字段之后添加一个字段"办公室"，并设置合理的数据类型。

操作步骤

01 打开 samp1.accdb 数据库文件，切换到"设计视图"。右击"系主页"字段，在弹出的快捷菜单中选择"插入行"命令，即可看到"系主页"字段的上方插入了一个空行。

02 在"字段名称"里输入"办公室"，数据类型选择"文本"。

03 保存表。可使用快捷键【Ctrl+S】进行保存。

3. 数据的导入与导出

Access 提供数据共享的功能，不仅可以将其他格式文件中的数据导入数据库或表中，也可以将数据表或查询中的数据输出到其他格式的文件中。

范例 C-3

在 samp1.accdb 数据库文件中导入 text1.txt 文件中的数据。

操作步骤

01 打开 samp1.accdb 数据库文件，单击"外部数据"选项卡"导入并链接"组中的"文本文件"按钮，在弹出的"获取外部数据 – 文本文件"对话框中，通过单击"浏览"按钮更改源数据的路径，确保选中"将源数据导入当前数据库的新表中"单选按钮。

02 单击"确定"按钮后，将会弹出"导入文本向导"第 1 步，直接单击"下一步"按钮。

03 在弹出的"导入文本向导"第 2 步对话框中，选中"第一行包含字段名称"复选框，单击"下一步"按钮。

04 在弹出的"导入文本向导"第 3 步对话框中直接单击"下一步"按钮。

05 在弹出的"导入文本向导"第 4 步对话框中选中"我自己选择主键"单选按钮，并将主键设置为"编号"。

06 单击"下一步"按钮，弹出"导入文本向导"第 5 步对话框，保持默认选项，单击"完成"按钮即可。

范例 C-4

将 samp1.accdb 数据库文件中表"tGrade"的数据导出为 Excel 文件格式，文件名为 Grade.xlsx。

操作步骤

01 打开 samp1.accdb 数据库文件，单击"外部数据"选项卡"导出"组中的"Excel"按钮，弹出的"导出 –Excel 电子表格"对话框，通过单击"浏览"按钮更改目标数据存放的路径和文件的名称，如 C:\Users\risphy\Desktop\Grade.xlsx。

02 单击"确定"按钮后，弹出"保存导出步骤"对话框，保持默认选项，单击"关闭"按钮即可。

微 课 ●┈┈┈
导出Excel
数据

4. "查询"的基本操作

"查询"作为 Access 的一种操作，是数据管理中非常重要的对象。Access 向用户提供了大量的查询功能，可以创建多种类型的查询，本附录主要介绍最基本常用的选择查询、操作查询。

范例 C-5

利用 samp1.accdb 数据库文件中"学生"表、"选课"表和"课程"表查找学生的"学号""姓名""课程名称"，以及对应课程的"成绩"信息。

操作步骤

01 打开 samp1.accdb 数据库文件，单击"创建"选项卡"查询"组中的"查询设计"按钮，在弹出的"显示表"对话框中双击"学生"表、"选课"表和"课程"表，单击"关闭"按钮。

02 创建表之间的关系。利用鼠标的拖动操作，将各表中字段名称相同的字段关联起来，以便实现多个表之间的数据查询，如图 C-3 所示。

微 课 ●┈┈┈
查询数据

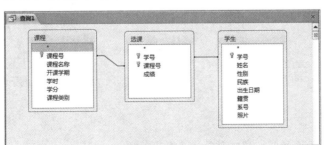

图 C-3　在查询中创建表之间的关系

例如：鼠标拖动"选课"表中的"学号"到"学生"表中的"学号"字段上；拖动"选课"表中的"课程号"到"课程"表中的"课程号"字段上。

03 设置显示字段。双击"学号""姓名""课程名称""成绩"字段。

04 保存查询。使用快捷键【Ctrl+S】进行保存，在弹出的"另存为"对话框中输入查询的名称即可。

05 查看结果。单击"查询工具|设计"选项卡"结果"组中的"运行"按钮或"视图"按钮，切换到"数据表视图"，可以看到查询结果。

 范例 C-6

打开 samp1.accdb 数据库文件，删除"学生"表中"民族"为少数民族的学生信息。

操作步骤

01 打开 samp1.accdb 数据库文件，单击"创建"选项卡"查询"组中的"查询设计"按钮，在弹出的"显示表"对话框中双击"学生"表。

02 更改查询类型。单击"查询工具|设计"选项卡"查询类型"组中的"删除"按钮，如图 C-4 所示。

图 C-4　删除查询的查询类型

03 设置查询条件。双击"民族"字段，在"条件"行里输入"not "汉""，如图 C-5 和图 C-6 所示。

图 C-5　查询上半部分视图

图 C-6　查询下半部分视图

注意：

文本型数据需要添加英文的双引号作为界定符。

04 查看结果。单击"查询工具|设计"选项卡"结果"组中的"运行"按钮,将从"学生"表中删除"民族"为少数民族的学生信息。

注意:

数据删除后不可撤销恢复,建议做删除查询前先备份。

范例 C-7

打开 samp1.accdb 数据库文件,将"教师"表中职称为"讲师"的教师工资提高 5%。

操作步骤

微　课

更新数据

01 打开 samp1.accdb 数据库文件,单击"创建"选项卡"查询"组中的"查询设计"按钮,在弹出的"显示表"对话框中双击"教师"表。

02 更改查询类型。单击"查询工具|设计"选项卡"查询类型"组中的"更新"按钮,如图 C-7 所示。

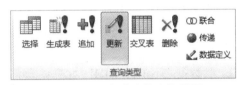

图 C-7　更新查询的查询类型

03 设置查询条件。双击"工资"字段和"职称"字段,如图 C-8 所示设置查询条件。

字段:	工资	职称
表:	教师	教师
更新到:	[工资]*1.05	
条件:		"讲师"
或:		

图 C-8　更新查询的查询条件

注意:

"讲师"字段是查询的条件,因此应该写在"条件"行中;"工资"字段的值是需要被修改的内容,因此,要写在"更新到"行中。

04 查看结果。单击"查询工具|设计"选项卡"结果"组中的"运行"按钮,将从"教师"表中更新职称为"讲师"的教师工资。

注意:

数据更新后不可撤销恢复,建议做更新查询前先备份。

参 考 文 献

[1] 林子雨. 大数据技术原理与应用: 概念、存储、处理、分析与应用 [M]. 北京: 人民邮电出版社，2015.

[2] 周苏，王文. 大数据及其可视化 [M]. 北京：中国铁道出版社，2016.

[3] 王国平. Tableau 数据可视化从入门到精通 [M]. 北京：清华大学出版社，2017.

[4] 刘红阁，王淑娟，温融冰. 人人都是数据分析师：Tableau 应用实战 [M]. 北京：人民邮电出版社，2015.

[5] 沈浩，王涛，韩朝阳，等. 触手可及的大数据分析工具：Tableau 案例集 [M]. 北京：电子工业出版社，2015.

[6] 薛薇，陈欢歌. SPSS Modeler 数据挖掘方法及应用 [M]. 2 版. 北京：电子工业出版社，2014.

[7] 张浩彬. 小白学数据挖掘与机器学习：SPSS Modeler 案例篇 [M]. 北京：电子工业出版社，2018.

[8] 城市数据团. 数据不说谎：大数据之下的世界 [M]. 北京：清华大学出版社，2017.

[9] 贾俊平. 统计学基础 [M]. 北京：中国人民大学出版社，2011.

[10] 王国平. 数据可视化与数据挖掘：基于 Tableau 和 SPSS Modeler 图形界面 [M]. 北京：电子工业出版社，2017.